しかし，「すべての数は，"整数" および "整数と整数の比の分数" で
成り立っている」と信じていたピタゴラスにとって，
事件が起こります。
整数でもそのような分数でもない，奇怪な数が存在することを
知ったのです。
これは，ピタゴラスの弟子が発見したともいわれており，
彼の思想を根本から否定するものでした。

わたしたちは今，四則演算を通じて，負の数や分数を扱います。
しかし，正の数しか知らなかった人にとっては，
晴天の霹靂ともいうべきことでしょう。
わたしたちが何気なく引いた数直線には，様々な数が
つまっています。
人間は数を使い，自然や宇宙の仕組みを研究し，その真理を
探ってきました。

みなさんも今日から数学者の仲間入りです。

JN035747

1 代数編の復習問題

$\boxed{1}$ 次の計算をしなさい。

(1) $\left(-\dfrac{1}{2}\right)^2 - (-1)^2 \times \left(-\dfrac{3}{4}\right)$　　　(2) $(-42a^2b) \div \dfrac{7}{2}ab \times \left(-\dfrac{3}{4}ab^2\right)$

$\boxed{2}$ 次の問いに答えなさい。

(1) 次の方程式，不等式を解きなさい。

　（ア）$3x+7=-9x-5$　　　（イ）$\begin{cases} 3x+7 \leqq 2x+6 \\ 5x-8 < 7x-2 \end{cases}$

(2) 何人かの子どもにあめを分けるのに，1 人に 5 個ずつ分けると 45 個余り，1 人に 7 個ずつ分けると 9 個たりない。このとき，子どもの人数と，あめの個数を求めなさい。

(3) y は x に反比例し，$x=6$ のとき $y=-7$ である。$x=3$ のときの y の値を求めなさい。

(4) 水が $100\,\text{m}^3$ 入った水そうから，毎分 $2\,\text{m}^3$ の割合で水そうが空になるまで排水する。排水し始めてから x 分後の水の量を $y\,\text{m}^3$ とする。定義域を求め，y を x の式で表しなさい。

新課程 中高一貫教育をサポートする

体系数学2

代数編 [中学2，3年生用]

数と式の世界をひろげる

数研出版

この本の使い方

例 1	本文の内容を理解するための具体例です。
例題 1	その項目の代表的な問題です。 **解答**，**証明**では模範解答の一例を示しました。
練習1▶	例，例題の内容を確実に身につけるための練習問題です。
確認問題	各章の終わりにあり，本文の内容を確認するための問題です。
演習問題	各章の終わりにあり，その章の応用的な問題です。 AとBの2段階に分かれています。
総合問題	巻末にあり，思考力・判断力・表現力の育成に役立つ問題です。
コラム 探究 Q	数学のおもしろい話題や主体的・対話的で深い学びにつながる内容を取り上げました。
発展	やや程度の高い内容や興味深い内容を取り上げました。
	内容に関連するデジタルコンテンツを見ることができます。 以下のURLからも見ることができます。 https://www.chart.co.jp/dl/su/a2qiu/idx.html

アルファベット

大文字	小文字	読み方	大文字	小文字	読み方	大文字	小文字	読み方
A	a	エイ	J	j	ジェイ	S	s	エス
B	b	ビー	K	k	ケイ	T	t	ティー
C	c	シー	L	ℓ	エル	U	u	ユー
D	d	ディー	M	m	エム	V	v	ヴィー
E	e	イー	N	n	エヌ	W	w	ダブリュ
F	f	エフ	O	o	オー	X	x	エックス
G	g	ジー	P	p	ピー	Y	y	ワイ
H	h	エイチ	Q	q	キュー	Z	z	ゼッド
I	i	アイ	R	r	アール			

目次

中1 中2 中3 は，中学校学習指導要領に示された，その項目を学習する学年を表しています。また， 数I 数A はそれぞれ，高等学校の数学I，数学Aの内容です。

式の計算

> 2 桁の自然数どうしの積を計算するには，どのような方法が
> あるでしょうか？
> まずは，みなさんもよく知っている筆算で計算してみましょう。

右のような筆算は，どのような2桁の自然
数どうしの積に対しても使うことができるた
め，一般的な計算方法といえます。
ただし，43×47 のように「十の位の数が等
しく，一の位の数の和が 10 になる」ような
2桁の自然数どうしの積を計算するとき，
より簡単な方法があります。

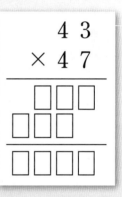

「十の位の数に 1 を加えた数」と
「十の位の数」の積を計算する。

$5 \times 4 = 20$

「一の位の数」どうしの積を計
算する。

$3 \times 7 = 21$

Viete

←ヴィエート (1540−1603)
　フランスの数学者

Descartes

デカルト（1596−1650）
フランスの数学者，哲学者➡

16 世紀から 17 世紀にかけて，フランスの数学者ヴィエートや
デカルトは，私たちが用いるような式や記号を整備しました。
特に，ヴィエートはわからない数だけではなく，多項式の係数
など，わからない数でない数も文字を用いて表しました。
これにより，数学は飛躍的な進歩を遂げました。

1. 多項式の計算

単項式と多項式の乗法

次の図のような長方形の面積について考えてみよう。

<u>考え方1</u>　縦　a cm，　横　$(b+c)$ cm

の長方形と考えると，その面積は

$$a(b+c) \text{ cm}^2 \quad \cdots\cdots ①$$

<u>考え方2</u>　縦　a cm，　横　b cm

縦　a cm，　横　c cm

の2つの長方形を合わせたものと考えると，その面積は

$$(ab+ac) \text{ cm}^2 \quad \cdots\cdots ②$$

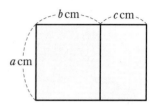

①と②は，同じ長方形の面積を表しているから，等しい。

このことは，**分配法則** が成り立つことを
示している。

$$a(b+c)=ab+ac$$

単項式と多項式の乗法は，数の場合と同じように，分配法則を用いて
次のように計算する。

例 1

(1)　$3a(2b+5)=3a \times 2b + 3a \times 5$
$$=6ab+15a$$

$$(a+b)c=ac+bc$$

(2)　$(x+3y-2xy) \times (-4x)$
$$=x \times (-4x) + 3y \times (-4x) - 2xy \times (-4x)$$
$$=-4x^2-12xy+8x^2y$$

(3)　$2a(a-3b)+a(a+4b)=2a^2-6ab+a^2+4ab$
$$=3a^2-2ab$$

練習 1 ▶ 次の計算をしなさい。

(1)　$4a(a-2b)$

(2)　$-x(5x-2y)$

(3)　$(2a-3b+c) \times 3d$

(4)　$x(2x+3y)-2x(6x-y)$

単項式と多項式の除法

多項式を単項式でわる除法について考えてみよう。

式の除法では，数の場合と同じように，
わる式の逆数をかければよい。

5　　また，約分できる場合には，できる限り
約分しておく。

$$\square \div \frac{\bigcirc}{\triangle} = \square \times \frac{\triangle}{\bigcirc}$$

逆数をかける

例 2

(1)　$(12a^2-9a)\div 3a=(12a^2-9a)\times\dfrac{1}{3a}$　　←$3a$ の逆数は $\dfrac{1}{3a}$

$$=\frac{12a^2}{3a}-\frac{9a}{3a}$$

$$=4a-3$$

10　　(2)　$(x^2y-3xy^2-2xy)\div\dfrac{1}{2}xy$　　　　←$\dfrac{1}{2}xy$ は $\dfrac{xy}{2}$

$$=(x^2y-3xy^2-2xy)\times\frac{2}{xy}$$

$$=\frac{x^2y\times 2}{xy}-\frac{3xy^2\times 2}{xy}-\frac{2xy\times 2}{xy}$$

$$=2x-6y-4$$

練習 2 ▶ 次の逆数を求めなさい。

15　　(1)　$2x$　　　(2)　$-5ab$　　　(3)　$\dfrac{xy}{6}$　　　(4)　$-\dfrac{3}{4}ab$　　　(5)　$-0.5x$

練習 3 ▶ 次の計算をしなさい。

(1)　$(12a^2b+8ab^2)\div 4ab$　　　　　　(2)　$(6x^2y-9xy^2)\div(-3xy)$

(3)　$(2a^2+6ab)\div\left(-\dfrac{a}{3}\right)$　　　　　(4)　$(6x^2+8xy-2x)\div\dfrac{2}{3}x$

多項式の乗法

右の図のような長方形の面積について考えてみよう。

縦 $(a+b)$ cm，横 $(c+d)$ cm

の長方形と考えると，その面積は

$$(a+b)(c+d) \text{ cm}^2$$

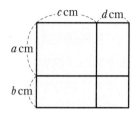

注意　$(a+b) \times (c+d)$ は，記号×を省略して
$(a+b)(c+d)$ と表すことが多い。

$(a+b)(c+d)$ の計算において，$c+d$ が表す数を1つの文字とみて，これを M とおくと

$$(a+b)M$$

の計算となる。

これは，多項式と単項式の乗法であるから，分配法則を用いて，次のように計算することができる。

$$(a+b)(c+d)=(a+b)M$$
$$=aM+bM$$

ここで，M を $c+d$ に戻すと

$$aM+bM$$
$$=a(c+d)+b(c+d)$$
$$=ac+ad+bc+bd$$

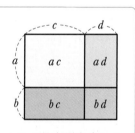

4つの長方形を合わせたものと考えることもできる。

よって

$$(a+b)(c+d)=ac+ad+bc+bd$$

単項式と多項式の乗法，あるいは，多項式と多項式の乗法において，かっこをはずして単項式の和の形に表すことを，もとの式を **展開** するという。

$(a+b)(c+d)$ を展開すると，下のように，4つの単項式の和の形で表される。

$$(\ a \ + \ b \ )(\ c \ + \ d \ ) = ac \ + \ ad \ + \ bc \ + \ bd$$

注　意　$(\ a \ + \ b \ )(\ c \ + \ d \ ) = ac \ + \ bc \ + \ ad \ + \ bd$　と展開してもよい。

例 **3**
(1) $(x+2)(y-3) = xy - 3x + 2y - 6$

(2) $(x+1)(x+6) = x^2 + 6x + x + 6$
$$= x^2 + 7x + 6$$
同類項をまとめる

(3) $(3a+4)(2a-1) = 6a^2 - 3a + 8a - 4$
$$= 6a^2 + 5a - 4$$

注　意　例3 (2), (3)のように，展開した式が同類項を含むときには，同類項をまとめて簡単な形にする。

練習 4 ▶ 次の式を展開しなさい。

(1) $(x+3)(y+5)$

(2) $(a-2b)(c-5d)$

(3) $(x-1)(x+4)$

(4) $(2a+1)(3a+2)$

(5) $(3x-5)(2x-3)$

(6) $(5x+2y)(3x-y)$

次のように，かっこの中の項が 3 つ以上の場合でも，分配法則を用い
て展開することができる。

例4

(1) $(4a-b)(a+b-3)$
$=4a(a+b-3)-b(a+b-3)$
$=4a^2+4ab-12a-ab-b^2+3b$
$=4a^2+3ab-b^2-12a+3b$

> $a+b-3=M$ と
> おくと
> $\quad (4a-b)M$
> $=4aM-bM$

(2) $(3x-4y-2)(5x-y)$
$=3x(5x-y)-4y(5x-y)-2(5x-y)$
$=15x^2-3xy-20xy+4y^2-10x+2y$
$=15x^2-23xy+4y^2-10x+2y$

練習 5 次の式を展開しなさい。

(1) $(a-2b)(a+3b+1)$　　　　　(2) $(4x-3y+1)(2x+y)$

(3) $(2a+5b-3)(3a+2b+2)$　　(4) $(2x-3y-1)(x-y-2)$

展開の公式

これまでに学んだ分配法則による方法が，式の展開の基本である。
次に，代表的な式の展開を，公式として使えるようにしよう。

● $(x+a)(x+b)$ の展開 ●

$(x+2)(x+3)$ を展開したとき，x の係数，および定数項はどのように
なるか考えてみよう。

$$(x+2)(x+3)=x^2+3x+2x+2\times3$$
$$=x^2+(2+3)x+2\times3$$

和　　　　　積

上の計算より，x の係数は「2 と 3 の和」，定数項は「2 と 3 の積」
になっていることがわかる。

一般に，次のことが成り立つ。

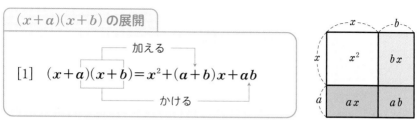

$(x+a)(x+b)$ の展開

[1] $(x+a)(x+b)=x^2+(a+b)x+ab$

加える

かける

例 5

(1) $(x+1)(x+4)$
$=x^2+(1+4)x+1\times4$
$=x^2+5x+4$

(2) $(x+2)(x-5)$　　　　　←[1] において，$a=2,\ b=-5$
$=x^2+(2-5)x+2\times(-5)$
$=x^2-3x-10$

 練習 6 ▶ 次の式を展開しなさい。

(1) $(x+2)(x+7)$ 　　　　(2) $(x+6)(x-4)$

(3) $(y-2)(y-4)$ 　　　　(4) $(a-9)(a+3)$

(5) $\left(x+\dfrac{1}{2}\right)\left(x+\dfrac{3}{2}\right)$ 　　　(6) $(-1+t)(5+t)$

例 6

$(2a-3)(2a+7)$ •⋯⋯⋯⋯⋯⋯⋯⋯
$=(2a)^2+(-3+7)\times2a+(-3)\times7$
$=4a^2+8a-21$

$2a=M$ とおくと
$(M-3)(M+7)$

練習 7 ▶ 次の式を展開しなさい。

(1) $(3a+1)(3a+5)$ 　　　　(2) $(4x-1)(4x+5)$

(3) $(2x+7)(2x-9)$ 　　　　(4) $(5y-8)(5y-2)$

● $(x+a)^2$, $(x-a)^2$ の展開 ●

$(x+a)^2$, $(x-a)^2$ を展開すると，それぞれ次のようになる。

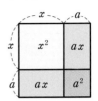

$$(x+a)^2=(x+a)(x+a)$$
$$=x^2+(a+a)x+a \times a$$
$$=x^2+2ax+a^2$$

同様に　$(x-a)^2=(x-a)(x-a)$
$$=x^2+(-a-a)x+(-a) \times (-a)$$
$$=x^2-2ax+a^2$$

$(x+a)^2$, $(x-a)^2$ **の展開**

[2]　$(x+a)^2=x^2+2ax+a^2$　　（和の平方）

[3]　$(x-a)^2=x^2-2ax+a^2$　　（差の平方）

例7

(1)　$(x+3)^2=x^2+2 \times 3 \times x+3^2$
$$=x^2+6x+9$$

(2)　$(x-5)^2=x^2-2 \times 5 \times x+5^2$
$$=x^2-10x+25$$

練習8 ▶ 次の式を展開しなさい。

(1)　$(x+4)^2$　　　　　(2)　$(y-2)^2$　　　　　(3)　$\left(x-\dfrac{1}{6}\right)^2$

例8

$(5x+y)^2=(5x)^2+2 \times y \times 5x+y^2$
$$=25x^2+10xy+y^2$$

練習9 ▶ 次の式を展開しなさい。

(1)　$(4x-y)^2$　　　　　(2)　$(2x+5y)^2$　　　　　(3)　$(3x-2y)^2$

● $(x+a)(x-a)$ の展開 ●

$(x+a)(x-a)$ を展開すると，次のようになる。

$$(x+a)(x-a)=x^2+(a-a)x+a\times(-a)$$
$$=x^2-a^2$$

$(x+a)(x-a)$ の展開

[4] $(x+a)(x-a)=x^2-a^2$ （和と差の積）

例 9 $(x+3)(x-3)=x^2-3^2$
$$=x^2-9$$

練習 10 ▶ 次の式を展開しなさい。

(1) $(x+4)(x-4)$ (2) $(a-7)(a+7)$

例 10 $(2a+3b)(2a-3b)=(2a)^2-(3b)^2$
$$=4a^2-9b^2$$

練習 11 ▶ 次の式を展開しなさい。

(1) $(x+2y)(x-2y)$ (2) $(4a-5b)(4a+5b)$

(3) $\left(x-\dfrac{1}{2}y\right)\left(x+\dfrac{1}{2}y\right)$ (4) $(b+3a)(3a-b)$

これまでに学んだ展開の公式をまとめると，次のようになる。

[1] $(x+a)(x+b)=x^2+(a+b)x+ab$

[2] $(x+a)^2=x^2+2ax+a^2$

[3] $(x-a)^2=x^2-2ax+a^2$

[4] $(x+a)(x-a)=x^2-a^2$

展開の公式の一般化

これまでに学んだ展開の公式を，一般化してみよう。

$(ax+b)(cx+d)$ を展開すると，次のようになる。

$$(ax+b)(cx+d)=ax\times cx+ax\times d+b\times cx+b\times d$$
$$=acx^2+adx+bcx+bd$$
$$=acx^2+(ad+bc)x+bd$$

$(ax+b)(cx+d)$ の展開

[5] $\quad (ax+b)(cx+d)=acx^2+(ad+bc)x+bd$

例 11
$$(2x+5)(3x-1)=2\times 3\times x^2+\{2\times(-1)+5\times 3\}x+5\times(-1)$$
$$=6x^2+(-2+15)x-5$$
$$=6x^2+13x-5$$

練習 12 ▶ 次の式を展開しなさい。

(1) $(2x+1)(x+5)$ (2) $(3x-4)(5x+3)$ (3) $(4a-1)(2a-7)$

$(a+b+c)^2$ は，$a+b=M$ とおくと，次のように展開できる。

$$(a+b+c)^2=(M+c)^2$$
$$=M^2+2Mc+c^2$$
$$=(a+b)^2+2(a+b)c+c^2$$
$$=a^2+2ab+b^2+2ac+2bc+c^2$$
$$=a^2+b^2+c^2+2ab+2bc+2ca$$

輪環の順

注意 上のような場合，ab，bc，ca の項の順に式を整理することが多い。

練習 13 ▶ 次の式を展開しなさい。

(1) $(a+b-c)^2$ (2) $(x+2y+3z)^2$

いろいろな計算

おきかえの考え方を利用した式の展開を，さらに考えてみよう。

例題 1 次の式を展開しなさい。
$$(x+y-2)(x+y+5)$$

5 **考え方** $x+y=M$ とおくと
$$(M-2)(M+5)=M^2+3M-10$$

解答
$$(x+y-2)(x+y+5)$$
$$=\{(x+y)-2\}\{(x+y)+5\}$$
$$=(x+y)^2+3(x+y)-10 \qquad \text{展開の公式 [1]}$$
10
$$=x^2+2xy+y^2+3x+3y-10 \quad \boxed{答}$$

練習 14 次の式を展開しなさい。

(1) $(a+2b+1)(a+2b-3)$ (2) $(2x-y-4)(2x-y+2)$

展開と加法，減法を組み合わせた式を計算してみよう。

例題 2 次の計算をしなさい。
15
$$(4x-1)^2-(2x+3)(8x-5)$$

解答
$$(4x-1)^2-(2x+3)(8x-5)$$
$$=(16x^2-8x+1)-(16x^2+14x-15)$$
$$=16x^2-8x+1-16x^2-14x+15$$
$$=-22x+16 \quad \boxed{答}$$

20 **練習 15** 次の計算をしなさい。

(1) $(x+6)(x-6)-(x+3)(x-4)$ (2) $(x+4y)^2+(3x+y)(x-3y)$

展開する順序や，項の順序を入れかえてから展開することによって，計算が簡単になることがある。

例題 3 次の式を展開しなさい。
$$(x+1)^2(x-1)^2$$

解答
$$\begin{aligned}
(x+1)^2(x-1)^2 &= (x+1)(x+1)(x-1)(x-1) \\
&= \{(x+1)(x-1)\}^2 \qquad \text{展開の公式 [4]} \\
&= (x^2-1)^2 \qquad \text{展開の公式 [3]} \\
&= (x^2)^2 - 2x^2 + 1 \\
&= x^4 - 2x^2 + 1 \quad \boxed{\text{答}}
\end{aligned}$$

練習 16 次の式を展開しなさい。

(1) $(a-3)^2(a+3)^2$

(2) $(2x+3y)^2(2x-3y)^2$

例題 4 次の式を展開しなさい。
$$(a^2+ab+b^2)(a^2-ab+b^2)$$

考え方 $a^2+b^2=M$ とおくと
$$(M+ab)(M-ab) = M^2 - (ab)^2$$

解答
$$\begin{aligned}
(a^2&+ab+b^2)(a^2-ab+b^2) \\
&= \{(a^2+b^2)+ab\}\{(a^2+b^2)-ab\} \qquad \text{展開の公式 [4]} \\
&= (a^2+b^2)^2 - (ab)^2 \\
&= (a^2)^2 + 2a^2b^2 + (b^2)^2 - a^2b^2 \\
&= a^4 + 2a^2b^2 + b^4 - a^2b^2 \\
&= a^4 + a^2b^2 + b^4 \quad \boxed{\text{答}}
\end{aligned}$$

練習 17 次の式を展開しなさい。

(1) $(2x+y+z)(2x+y-z)$

(2) $(a^2+2ab+3b^2)(a^2-2ab+3b^2)$

2. 因数分解

因数分解

$(x+2)(x+3)$ を展開すると，次のようになる。

$$(x+2)(x+3)=x^2+5x+6$$

5　逆に考えると，x^2+5x+6 は，次のように積の形で表すことができる。

$$x^2+5x+6=(x+2)(x+3)$$

このように，1つの式が多項式や単項式の積の形に表されるとき，積をつくっている1つ1つの式を，もとの式の **因数** という。

また，多項式をいくつかの因
10　数の積の形に表すことを，もとの式を **因数分解** するという。

$$(x+2)(x+3) \xrightleftharpoons[\text{因数分解}]{\text{展開}} x^2+5x+6$$

因 数

共通な因数でくくる因数分解

すべての項に共通な因数を含む多項式は，分配法則を使って，共通な因数をかっこの
15　外にくくり出すことができる。

$$\underline{Mx}+\underline{My}=\underline{M}(x+y)$$

共通な因数

例 12

(1)　$2x^2-3xy=x\times 2x-x\times 3y$　•……

$= x(2x-3y)$

$2x^2=2\times x \times x$
$3xy=3\times x \times y$

(2)　$3a^2b-9ab=3ab\times a-3ab\times 3$　•

$=3ab(a-3)$

$3a^2b= 3 \times a \times a \times b$
$9ab= 3 \times 3 \times a \times b$

20　注意　例 12(2) では，$3(a^2b-3ab)$ や $a(3ab-9b)$ とはしない。くくり出すことができる共通な因数は，すべてかっこの外にくくり出す。

練習 18　次の式を因数分解しなさい。

(1)　$12x^3-8x^2y$

(2)　$3a^2x+6ax^2-2ax$

因数分解の公式

● $x^2+(a+b)x+ab$ の因数分解 ●

11 ページの公式 [1] の左辺と右辺を入れかえると，次の因数分解の公式が得られる。

> **$x^2+(a+b)x+ab$ の因数分解**
>
> [1]　$x^2+(a+b)x+ab=(x+a)(x+b)$

上の式の左辺では，x の係数は「a と b の和」，定数項は「a と b の積」になっている。

たとえば x^2+5x+6 を因数分解するには，

$$x^2+(a+b)x+\boxed{ab}$$
$$x^2+\ \boxed{5}x\ +\ \boxed{6}$$

<u>積が 6 となる 2 つの数の組</u>のうち，<u>和が 5 となるもの</u>をみつければよい。

右の表のように考えると，このような
2 つの数の組は 2 と 3 である。

積が 6	和が 5
1 と 6	×
2 と 3	○
−1 と −6	×
−2 と −3	×

よって，$a=2$，$b=3$ として

$$x^2+5x+6=(x+2)(x+3)$$

└$(x+3)(x+2)$ でもよい

例 13　$x^2-2x-15$ を因数分解する。
積が -15，和が -2 となる 2 つの
数は 3 と -5 である。

積が −15	和が −2
1 と −15	×
3 と −5	○
−1 と 15	×
−3 と 5	×

よって

$$x^2-2x-15=(x+3)(x-5)$$

注意 ab が正のとき，a，b の符号は同じ。ab が負のとき，a，b の符号は異なる。

練習 19 次の式を因数分解しなさい。

(1) $x^2-12x+27$　　　(2) x^2+2x-8　　　(3) y^2-y-20

● $x^2+2ax+a^2$, $x^2-2ax+a^2$ の因数分解 ●

12 ページの公式 [2]，[3] から，次の因数分解の公式が得られる。

> **$x^2+2ax+a^2$，$x^2-2ax+a^2$ の因数分解**
>
> [2]　$x^2+2ax+a^2=(x+a)^2$
>
> [3]　$x^2-2ax+a^2=(x-a)^2$

例 14
(1)　$x^2+10x+25=x^2+2\times5\times x+5^2$ ⋯⋯
$$=(x+5)^2$$

$$
\begin{array}{c}
x^2+\ 2\,a\,x\ \ +\ a^2 \\
\downarrow \\
x^2+2\times\ 5\ \times x+\ 5^2
\end{array}
$$

(2)　$9x^2+24ax+16a^2$
$$=(3x)^2+2\times4a\times3x+(4a)^2$$
$$=(3x+4a)^2$$

練習 20 ▶ 次の式を因数分解しなさい。

(1)　$x^2+12x+36$ 　　(2)　$a^2-18a+81$ 　　(3)　$x^2-16xy+64y^2$

(4)　$4x^2+4x+1$ 　　(5)　$25x^2-70xy+49y^2$

● x^2-a^2 の因数分解 ●

13 ページの公式 [4] から，次の因数分解の公式が得られる。

> **x^2-a^2 の因数分解**
>
> [4]　$x^2-a^2=(x+a)(x-a)$

例 15
(1)　$x^2-25=x^2-5^2=(x+5)(x-5)$ ⋯⋯

$$
\begin{array}{c}
x^2-\ a^2 \\
\downarrow \\
x^2-\ 5^2
\end{array}
$$

(2)　$16x^2-9y^2=(4x)^2-(3y)^2$
$$=(4x+3y)(4x-3y)$$

練習 21 ▶ 次の式を因数分解しなさい。

(1)　x^2-36 　　(2)　x^2-16y^2 　　(3)　$25x^2-64a^2$

● $acx^2+(ad+bc)x+bd$ の因数分解 ●

14 ページの公式 [5] から，次の因数分解の公式が得られる。

$acx^2+(ad+bc)x+bd$ の因数分解

[5]　$\boldsymbol{acx^2+(ad+bc)x+bd=(ax+b)(cx+d)}$

a b → bc
c d → ad
ac bd ad+bc
3 x²+14x+8

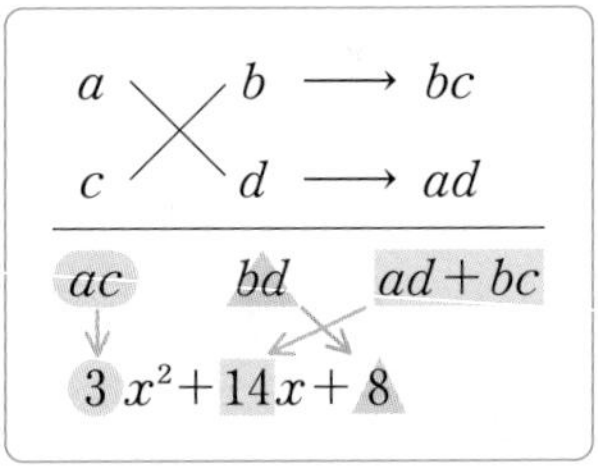

$3x^2+14x+8$ を因数分解してみよう。

そのためには，上の公式において

$ac=3$，$ad+bc=14$，$bd=8$

となる a，b，c，d をみつければよい。

[1]　$ac=3$ の 3 を　1×3

$bd=8$ の 8 を　1×8，2×4，4×2，8×1

などのように，積の形に分解する。

[2]　$a=1$，$c=3$ として，b，d の候補から $ad+bc=14$ となるものをみつける。

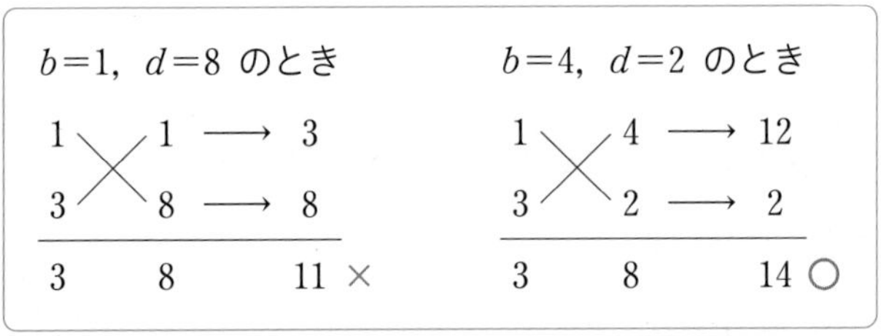

b=1，d=8 のとき
1 1 → 3
3 8 → 8
3 8 11 ×
b=4，d=2 のとき
1 4 → 12
3 2 → 2
3 8 14 ○

上の図のように考えると，$a=1$，$b=4$，$c=3$，$d=2$ である。

よって　　$3x^2+14x+8=(x+4)(3x+2)$

注　意　上のような図を利用して因数分解することを「**たすきがけ** による因数分解」とよぶ。

例 **16**

(1) $2x^2-5x+3=(x-1)(2x-3)$

(2) $4x^2-8ax-5a^2=(2x+a)(2x-5a)$

(1)			
1	-1	$\longrightarrow$	-2
2	-3	$\longrightarrow$	-3
2	3		-5

(2)			
2	$1a$	$\longrightarrow$	$2a$
2	$-5a$	$\longrightarrow$	$-10a$
4	$-5a^2$		$-8a$

練習 **22** ▶ 次の式を因数分解しなさい。

(1) $2x^2+3x+1$ (2) $6x^2-5x-6$ (3) $4a^2+7ab-2b^2$

これまでに学んだ因数分解の公式をまとめると，次のようになる。

[1] $x^2+(a+b)x+ab=(x+a)(x+b)$

[2] $x^2+2ax+a^2=(x+a)^2$

[3] $x^2-2ax+a^2=(x-a)^2$

[4] $x^2-a^2=(x+a)(x-a)$

[5] $acx^2+(ad+bc)x+bd=(ax+b)(cx+d)$

いろいろな因数分解

共通な因数をくくり出してから公式を使う因数分解や，公式をくり返し使う因数分解について考えてみよう。

例題 **5**

次の式を因数分解しなさい。

$$2ax^2-4ax-30a$$

解答

$$2ax^2-4ax-30a$$
$$=2a(x^2-2x-15)$$
$$=2a(x+3)(x-5) \quad \boxed{答}$$

$\Big\rangle$ 共通な因数をくくり出す

$\Big\rangle$ 因数分解の公式 [1]

練習 23 次の式を因数分解しなさい。

(1) $3ax^2 - 24ax + 36a$

(2) $\dfrac{1}{2}a^2x - \dfrac{9}{2}b^2x$

(3) $-ab^2 + a$

(4) $x^3y + 4x^2y + 4xy$

例題 6 次の式を因数分解しなさい。
$$x^4 - 81$$

（考え方） まず，$x^4 = (x^2)^2$，$81 = 9^2$ と考えて因数分解する。結果はさらに因数分解できることに注意する。

解答

$$
\begin{aligned}
x^4 - 81 &= (x^2)^2 - 9^2 \\
&= (x^2 + 9)(x^2 - 9) \\
&= (x^2 + 9)(x^2 - 3^2) \\
&= (x^2 + 9)(x + 3)(x - 3) \quad \boxed{\text{答}}
\end{aligned}
$$

因数分解の公式 [4]

$x^2 - 9$ はさらに
因数分解できる

練習 24 次の式を因数分解しなさい。

(1) $x^4 - 16$

(2) $81a^4 - b^4$

例題 7 次の式を因数分解しなさい。
$$x^2 + 14x + 49 - y^2$$

（考え方） $x^2 + 14x + 49 = (x+7)^2$ より，$x + 7 = M$ とおくと $M^2 - y^2$ となる。

解答

$$
\begin{aligned}
x^2 + 14x + 49 - y^2 &= (x^2 + 14x + 49) - y^2 \\
&= (x+7)^2 - y^2 \\
&= \{(x+7) + y\}\{(x+7) - y\} \\
&= (x + y + 7)(x - y + 7) \quad \boxed{\text{答}}
\end{aligned}
$$

因数分解の
公式 [2]

因数分解の
公式 [4]

練習 25 次の式を因数分解しなさい。

(1) $x^2 - 6x + 9 - 4y^2$

(2) $9a^2 - 16b^2 + 40b - 25$

共通な式を含むときの因数分解について考えてみよう。

例題 8 次の式を因数分解しなさい。
$$(x+1)^2+2(x+1)-15$$

(考え方) $x+1=M$ とおくと $M^2+2M-15$ となる。

解答
$$(x+1)^2+2(x+1)-15=\{(x+1)-3\}\{(x+1)+5\}$$
$$=(x-2)(x+6) \quad \boxed{答}$$

(注意) 例題 8 のような式は，かっこをはずし，式を整理してから因数分解することもできるが，式が複雑になる場合がある。

練習 26 次の式を因数分解しなさい。

(1) $(x-2)^2-3(x-2)-10$　　　(2) $(a+b)^2+4(a+b)-12$

(3) $(x+2y)^2+4(x+2y)z+3z^2$　　　(4) $(x+1)^2-6(x+1)+9$

例題 9 次の式を因数分解しなさい。
$$ac+ad-bc-bd$$

(考え方) a を含む項と含まない項に分けて整理すると，共通な式 $c+d$ が現れる。

解答
$$ac+ad-bc-bd=a(c+d)-(bc+bd)$$
$$=a(c+d)-b(c+d) \quad \leftarrow c+d=M \text{ とおくと}$$
$$=(a-b)(c+d) \quad \boxed{答} \quad aM-bM=(a-b)M$$

(注意) 複数の種類の文字を含む式の因数分解で，解き方の見通しがつきにくい場合は，1 つの文字に着目して式を整理するとよい。

練習 27 次の式を因数分解しなさい。

(1) $ac-ad-bc+bd$　　　(2) $ax+bx-ay-by+az+bz$

3. 式の計算の利用

計算のくふう

展開や因数分解の考え方を用いて，数の計算をくふうして行うと，計算が簡単になる場合がある。

例17

(1) $99^2 = (100-1)^2$

$\qquad = 100^2 - 2 \times 1 \times 100 + 1^2$ ⟩ 展開の公式 [3]

$\qquad = 10000 - 200 + 1$

$\qquad = 9801$

(2) $66^2 - 34^2 = (66+34) \times (66-34)$ ← 因数分解の公式 [4]

$\qquad = 100 \times 32$

$\qquad = 3200$

(3) $102 \times 98 = (100+2) \times (100-2)$ ⟩ 展開の公式 [4]

$\qquad = 100^2 - 2^2$

$\qquad = 10000 - 4$

$\qquad = 9996$

練習 28 くふうして，次の計算をしなさい。

(1) 102^2 (2) $72^2 - 28^2$ (3) 95×105

例18

$1234^2 - 1230 \times 1238 = 1234^2 - (1234-4) \times (1234+4)$

$\qquad = 1234^2 - (1234^2 - 4^2)$

$\qquad = 4^2$

$\qquad = 16$

練習 29 くふうして，次の計算をしなさい。

(1) $4321^2 - 4322 \times 4320$ (2) $1354 \times 1358 - 1359 \times 1353$

式の値

式の値を求めるときに，まず式を簡単にしてから数値を代入すると，直接数値を代入するより計算が簡単になる場合がある。

例題 10 $x=\dfrac{3}{2}$，$y=-\dfrac{1}{4}$ のとき，$(x+4y)^2+x(3x-8y)$ の値を求めなさい。

(考え方) まず，$(x+4y)^2+x(3x-8y)$ を簡単な式にしてから，x，y の値を代入する。

解答
$$(x+4y)^2+x(3x-8y)=x^2+8xy+16y^2+3x^2-8xy$$
$$=4x^2+16y^2$$

$4x^2+16y^2$ に $x=\dfrac{3}{2}$，$y=-\dfrac{1}{4}$ を代入して

$$4x^2+16y^2=4\times\left(\dfrac{3}{2}\right)^2+16\times\left(-\dfrac{1}{4}\right)^2$$
$$=10 \quad \boxed{答}$$

練習 30 ▶ $x=2$，$y=-\dfrac{3}{10}$ のとき，$(x-3y)(2x+y)+3y^2$ の値を求めなさい。

例題 11 $a=37$，$b=63$ のとき，$a^2+2ab+b^2$ の値を求めなさい。

(考え方) まず，$a^2+2ab+b^2$ を因数分解してから，a，b の値を代入する。

解答
$$a^2+2ab+b^2=(a+b)^2$$
$(a+b)^2$ に $a=37$，$b=63$ を代入して
$$(a+b)^2=(37+63)^2$$
$$=100^2=10000 \quad \boxed{答}$$

練習 31 ▶ $a=53$，$b=47$ のとき，$ab+b^2+3a+3b$ の値を求めなさい。

例題 12 $x+y=2$, $xy=-7$ のとき，x^2+y^2 の値を求めなさい。

考え方 $(x+y)^2=x^2+2xy+y^2$ より $x^2+y^2=(x+y)^2-2xy$ となる。

解答 $x^2+y^2=(x+y)^2-2xy$

$(x+y)^2-2xy$ に $x+y=2$, $xy=-7$ を代入して

$$(x+y)^2-2xy=2^2-2\times(-7)$$
$$=18 \quad \boxed{答}$$

練習 32 $x+y=\dfrac{9}{2}$, $xy=3$ のとき，x^2+y^2 の値を求めなさい。

式の計算の利用

例題 13 連続する 3 つの整数について，最大の数と最小の数の積に 1 を加えると，中央の数の 2 乗になることを証明しなさい。

証明 n を整数とする。中央の数を n とすると

最大の数は $n+1$，最小の数は $n-1$

と表される。最大の数と最小の数の積に 1 を加えると

$$(n+1)(n-1)+1=n^2-1+1$$
$$=n^2$$

よって，最大の数と最小の数の積に 1 を加えると，中央の数の 2 乗になる。 $\boxed{終}$

練習 33 連続する 3 つの整数について，最大の数の 2 乗から最小の数の 2 乗をひくと，中央の数の 4 倍になることを証明しなさい。

例題 **14** 半径 r m の円形の土地の周りに幅 a m の道がある。道の中央を通る円周の長さを ℓ m，道の面積を S m² とするとき

$$S = a\ell$$

となることを証明しなさい。

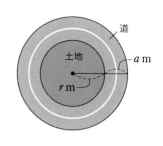

道

土地

a m

r m

証明 道の面積は，半径が $(r+a)$ m の円の面積から，半径が r m の円の面積をひいたものである。

よって

$$S = \pi(r+a)^2 - \pi r^2$$
$$= \pi(r^2 + 2ar + a^2) - \pi r^2$$
$$= \pi r^2 + 2\pi ar + \pi a^2 - \pi r^2$$
$$= 2\pi ar + \pi a^2 \quad \cdots\cdots ①$$

道の中央を通る円の半径は $\left(r + \dfrac{a}{2}\right)$ m であるから

$$\ell = 2\pi\left(r + \frac{a}{2}\right)$$
$$= 2\pi r + \pi a$$

よって

$$a\ell = a(2\pi r + \pi a)$$
$$= 2\pi ar + \pi a^2 \quad \cdots\cdots ②$$

①，② から $S = a\ell$ 〔終〕

練習 **34** 1辺の長さが p m の正方形の土地の周りに幅 a m の道がある。道の中央を通る正方形の周の長さを ℓ m，道の面積を S m² とするとき

$$S = a\ell$$

となることを証明しなさい。

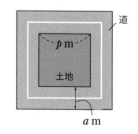

道

p m

土地

a m

対称式

26 ページの例題 12 では，まず，x^2+y^2 を式変形してから，$x+y$ と xy の値を式に代入しました。

ここでは，x^2+y^2 を $x+y$ と xy を用いて表すことについて，考えてみましょう。

x^2+y^2, $x+y$, xy は，$x \to y$, $y \to x$ のように，x と y を入れかえると

$$x^2+y^2=y^2+x^2,$$
$$x+y=y+x,$$
$$xy=yx$$

となり，もとの式と同じ式になります。

このように，x と y を入れかえても，もとの式と同じ式になる多項式を，x, y の **対称式** といい，特に，$x+y$ や xy を **基本対称式** といいます。

対称式には，次のような性質があります。

対称式は，基本対称式で表すことができる。

x, y の対称式 x^2+y^2 は，展開の公式 $(x+y)^2=x^2+2xy+y^2$ より

$$x^2+y^2=(x+y)^2-2xy$$

となり，基本対称式 $x+y$, xy を用いて表すことができます。

x^2+y^2 の他に対称式を見つけ，基本対称式を用いて表してみましょう。

先生

> 式の値の問題を考えるときは，式の特徴をつかむことが大切です！
> 簡単に計算することができるだけではなく，計算ミスを防ぐことにもつながります。

1 次の計算をしなさい。

(1) $-2x(x-3y+2xz)$

(2) $(a^2-2x+5)\times(-3ay)$

(3) $(2x-6x^2y-8xz^2)\div2x$

(4) $(2a^2+6ab-abc)\div\left(-\dfrac{a}{3}\right)$

5 **2** 次の式を展開しなさい。

(1) $(a+b)(a-2b+3)$

(2) $(a+2b-c)(3a-b+4c)$

3 次の式を展開しなさい。

(1) $(x-3y)(x-7y)$

(2) $(2x+3y)^2$

(3) $\left(\dfrac{2}{3}x-\dfrac{3}{2}y\right)^2$

(4) $(5x+8y)(5x-8y)$

(5) $\left(\dfrac{2}{5}a-\dfrac{3}{4}b\right)\left(\dfrac{2}{5}a+\dfrac{3}{4}b\right)$

10 **4** 次の式を因数分解しなさい。

(1) $-5x^2yz-15xy^2z+10xy$

(2) $a^2-8ab-20b^2$

(3) $x^2+3xy-88y^2$

(4) $3x^2-6ax-45a^2$

(5) $x^2-20xy+100y^2$

(6) $49a^2+56ab+16b^2$

(7) $36a^2-25b^2$

(8) $18x^2-98y^2$

15 **5** 次の式を因数分解しなさい。

(1) $3x^2+11xy+10y^2$

(2) $6a^2+ab-2b^2$

(3) $15x^2-26xy+8y^2$

(4) $16x^4-81$

(5) $9a^2-42ab+49b^2-25c^2$

(6) $(x-2y)^2+4(x-2y)-12$

(7) $xz-xw+yz-yw$

(8) $xac-abc-xad+abd$

20 **6** $x=1.2$, $y=0.8$ のとき, $x^2+2xy+y^2$ の値を求めなさい。

1 次の式を展開しなさい。

(1) $(x-3)(x+3)(x^2+9)$　　　(2) $(x-2)(x+2)(x^2+4)(x^4+16)$

(3) $(a+1)(a+4)(a+2)(a+3)$　　　(4) $(x+1)(x-6)(x-2)(x+5)$

2 次の式を因数分解しなさい。

(1) x^4-16y^4　　　(2) a^4-13a^2+36

(3) $x^2+2xy+y^2-5x-5y+6$

3 次の計算をしなさい。

(1) $2(2x-y)\left(x+\dfrac{1}{2}y\right)-(x+y)(4x-y)$

(2) $(2x-y+1)^2-(2x-y)(2x-y+5)$

(3) $\left(\dfrac{x-y}{3}+x+y\right)^2-\left(x-y+\dfrac{x+y}{3}\right)^2$

(4) $(a+b+c)(-a+b+c)+(a-b+c)(a+b-c)$

4 $x,\ y$ が連立方程式 $\begin{cases} 2x+y=-9 \\ x-3y=11 \end{cases}$ を満たすとき，$2x^2-5xy-3y^2$ の値を求めなさい。

5 $a-b=5$ のとき，$a^2-2ab+b^2-6a+6b+3$ の値を求めなさい。

6 連続する3つの偶数について，中央の数の3乗から，3つの数の積をひくと，8の倍数になることを証明しなさい。

第
1
章

7 次の式を因数分解しなさい。

(1) $(x^2+2x)^2-2x^2-4x-3$

(2) $x^2-y^2-z^2+2x+2yz+1$

8 次の計算をしなさい。

$$\left(1-\frac{1}{2^2}\right)\left(1-\frac{1}{3^2}\right)\left(1-\frac{1}{4^2}\right)\left(1-\frac{1}{5^2}\right)\times\cdots\cdots\times\left(1-\frac{1}{99^2}\right)$$

9 $xy=3$, $x^2y+xy^2-x-y=8$ のとき, x^2+y^2 の値を求めなさい。

10 $x-\dfrac{1}{x}=\dfrac{8}{3}$ のとき, $x^2+\dfrac{1}{x^2}$ の値を求めなさい。

11 次の問いに答えなさい。

(1) $(x^2-3x+4)(x+5)$ を展開したときの x^2 の係数を求めなさい。

(2) $(5a^2-ab+b^2)(2a-4b)$ を展開したときの ab^2 の係数を求めなさい。

12 連続する2つの正の奇数 m, n が $n^2-m^2=64$ を満たすとき, m, n の値を, それぞれ求めなさい。

13 連続する2つの正の整数について, 小さい方の整数を5でわると2余るという。この2つの整数の積を5でわったときの余りが1であることを証明しなさい。

平方根

面積が $4\,\mathrm{cm}^2$ である正方形の 1 辺の長さは何 cm でしょうか？
$2×2＝4$ より，1 辺の長さは $2\,\mathrm{cm}$ であることがわかります。

では，面積が $5\,\mathrm{cm}^2$ である正方形の 1 辺の長さは何 cm でしょうか？　下の図を利用して考えてみましょう。

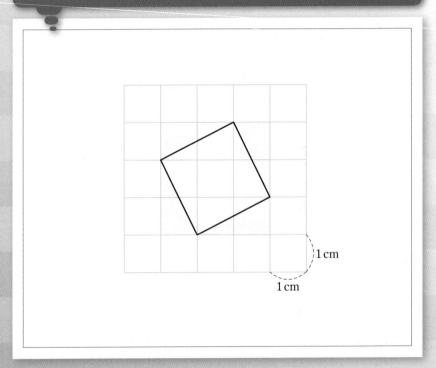

直角三角形 ◿ はすべて合同ですから，四角形 ◇ は $5\,\mathrm{cm}^2$ であることがわかります。

定規を使って，正方形 ◇ の 1 辺の長さを測ってみましょう。

この章では，2 乗するとある数になるようなもとの数の表し方や，そのような数の値について学びます。

←バビロニアの粘土板
YBC 7289

紀元前 1800 年頃のバビロニアで作られたとされる粘土板がたくさん発見されています。

粘土板には，楔形文字とよばれる文字が刻まれているものが多く，その中には，数学に関する内容が書かれた粘土板もあります。上の写真の粘土板には，2 乗すると 2 になる数についての内容が書かれています。

1. 平方根

平方根

面積が $5\,\text{cm}^2$ である正方形の 1 辺の長さは何 cm だろうか。

1 辺の長さが $2\,\text{cm}$ である正方形の面積は $4\,\text{cm}^2$ であるから，面積が $5\,\text{cm}^2$ である正方形の 1 辺の長さは，$2\,\text{cm}$ より大きいことがわかる。

そこで，1 辺の長さが $2.2\,\text{cm}$，$2.3\,\text{cm}$ の正方形の面積を考えてみよう。

$$4.84\,\text{cm}^2 \quad < \quad 5\,\text{cm}^2 \quad < \quad 5.29\,\text{cm}^2$$

2.2 cm   ? cm   2.3 cm

$2.2^2=4.84$，$2.3^2=5.29$ であるから，面積が $5\,\text{cm}^2$ である正方形の 1 辺の長さは，$2.2\,\text{cm}$ より大きく $2.3\,\text{cm}$ より小さいことがわかる。

2 乗して a になる数について，考えてみよう。

例 1
$$3^2=9, \qquad (-3)^2=9$$
より，2 乗して 9 になる数は，3 と -3 の 2 つある。

注意　3 と -3 をまとめて ±3 と書くことがある。

2 乗して a になる数を，a の **平方根**（へいほうこん）という。

すなわち，$x^2=a$ となる x が a の平方根である。

正の数の平方根は 2 つある。この 2 つの数は，絶対値が等しく，符号が異なる。

2 乗して 0 になる数は 0 だけであるから，0 の平方根は 0 のみである。

また，どのような数を 2 乗しても負の数にはならないから，負の数の平方根は考えない。

$$3 \xrightarrow{\ \ 2乗（平方）\ \ } 9$$
$$-3 \xleftarrow{\ \ \ 平方根\ \ \ }$$

平方根

[1] 正の数の平方根は2つある。

　　この2つの数は，絶対値が等しく，符号が異なる。

[2] 0の平方根は0のみである。

[3] 負の数の平方根は考えない。

練習 1 次の数の平方根を求めなさい。

(1) 49　　　　(2) 64　　　　(3) $\dfrac{9}{25}$　　　　(4) 0.81

前のページの面積が $5\,\text{cm}^2$ の正方形について，正方形の1辺の長さを $x\,\text{cm}$ とすると，次のことが成り立つ。

$$x^2=5$$

x の値は前のページで調べたように，2.2 より大きく 2.3 より小さいことがわかっている。

さらに詳しく調べていくと，$2.23^2=4.9729$，$2.24^2=5.0176$ であるから，x の値は，2.23 より大きく 2.24 より小さいことがわかる。

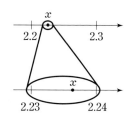

同じようにして，x の値を詳しく調べていくと，

$$x=2.2360679\cdots\cdots$$

となり，x の値は限りなく続く小数であることが知られている。

$x^2=5$ を満たす正の数 x を $\sqrt{5}$ と書き，「ルート5」と読む。

一般に，a を正の数とするとき，a の平方根のうち，

正の方を $\sqrt{a}$，負の方を $-\sqrt{a}$

と書く。記号 $\sqrt{}$ を **根号** という。

例 2 5の平方根は $\sqrt{5}$ と $-\sqrt{5}$ である。

$$\sqrt{5} \xrightarrow{\text{2乗(平方)}} 5$$
$$-\sqrt{5} \xleftarrow{\text{平方根}}$$

注意 $\sqrt{a}$ と $-\sqrt{a}$ をまとめて $\pm\sqrt{a}$ と書くことがある。これを「プラスマイナスルート a」と読む。

練習 2 次の数の平方根を，根号を使って表しなさい。

(1) 7 (2) 35 (3) 1.2 (4) $\dfrac{3}{5}$

　根号を使って表される数の中には，根号を使わずに表すことができる数がある。

　36の平方根は根号を使って表すと $\sqrt{36}$，$-\sqrt{36}$ と表すことができる。

　また，$6^2=36$，$(-6)^2=36$ より，36の平方根は根号を使わずに 6，-6 と表すこともできる。

　0の平方根は0のみであるから，$\sqrt{0}$，$-\sqrt{0}$ を根号を使わずに表すと，ともに0となる。

例 3

(1) $\sqrt{16}=\sqrt{4^2}=4$

(2) $\sqrt{\dfrac{49}{16}}=\sqrt{\left(\dfrac{7}{4}\right)^2}=\dfrac{7}{4}$

(3) $-\sqrt{81}=-\sqrt{9^2}=-9$

(4) $\sqrt{(-13)^2}=\sqrt{13^2}=13$

$a>0$ のとき
$$\sqrt{a^2}=a$$

練習 3 次の数を，根号を使わずに表しなさい。

(1) $\sqrt{25}$ (2) $\sqrt{144}$ (3) $\sqrt{\dfrac{4}{9}}$

(4) $-\sqrt{64}$ (5) $-\sqrt{0.16}$ (6) $\sqrt{(-36)^2}$

a と $\sqrt{a}$, $-\sqrt{a}$ の関係は，次のようになる。

$$(\sqrt{a})^2 = a, \quad (-\sqrt{a})^2 = a$$

$$\sqrt{a} \quad \xrightarrow{\text{2乗(平方)}} \quad a$$
$$-\sqrt{a} \quad \xleftarrow{\text{平方根}}$$

例 4

(1) $(\sqrt{7})^2 = 7$　　(2) $(-\sqrt{11})^2 = 11$　　(3) $-(\sqrt{5})^2 = -5$

練習 4 次の値を求めなさい。

(1) $(\sqrt{3})^2$　　(2) $(-\sqrt{7})^2$　　(3) $-(\sqrt{6})^2$　　(4) $-(-\sqrt{2})^2$

平方根の大小

$(\sqrt{a})^2 = a$ であるから，a が正の数であるとき，$\sqrt{a}$ は「面積が a である正方形の 1 辺の長さ」と考えられる。

a, b は正の数で，$a < b$ とする。
面積が a, b である 2 つの正方形を考えると，
1 辺の長さは，それぞれ $\sqrt{a}$, $\sqrt{b}$ となる。
この 2 つの正方形を右の図のように重ねると，

$$\sqrt{a} < \sqrt{b}$$

となっていることがわかる。

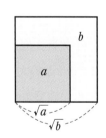

一般に，次のことが成り立つ。

平方根の大小

a, b が正の数のとき

$$a < b \quad \text{ならば} \quad \sqrt{a} < \sqrt{b}$$

$\boxed{\begin{array}{c}\text{例}\\ \textbf{5}\end{array}}$ (1) $\sqrt{5}$ と $\sqrt{6}$ の大小を比べる。

5<6 であるから $\sqrt{5}<\sqrt{6}$

(2) $\sqrt{17}$ と 4 の大小を比べる。

4=$\sqrt{16}$ で，17>16 であるから

$$\sqrt{17}>\sqrt{16}$$

よって $\sqrt{17}>4$

$\boxed{\text{練習 5}}$ 次の2つの数の大小を，不等号を使って表しなさい。

(1) $\sqrt{3}$，$\sqrt{5}$ (2) $\sqrt{10}$，3

(3) $-\sqrt{6}$，$-\sqrt{7}$ (4) $-\sqrt{5}$，-2

◤ 近似値

35 ページで調べたように，面積が $5\,\text{cm}^2$ の正方形の1辺の長さは $\sqrt{5}\,\text{cm}$ であり，$\sqrt{5}$ の値は次のような限りなく続く小数である。

$$\sqrt{5}=2.2360679\cdots\cdots$$

小数第2位を四捨五入すると 2.2 であるから，$\sqrt{5}\,\text{cm}$ はおよそ 2.2 cm といえる。これは真の値である $\sqrt{5}\,\text{cm}$ とは異なるが，真の値に近い値である。

2.2 cm のように，真の値に近い値のことを **近似値** という。

$\boxed{\text{注 意}}$ 円周率は，次のような限りなく続く小数である。

$$3.1415926535897\cdots\cdots$$

計算をするときに円周率として用いられる 3.14 は，近似値である。

$\boxed{\text{練習 6}}$ 小数第3位を四捨五入して得られる $\sqrt{5}$ の近似値を求めなさい。

右の図は，巻末の平方根表の一部である。

巻末の平方根表は，1.00 から 99.9 までの数の平方根の近似値を示したもので，この表の近似値は，小数第 4 位を四捨五入して，小数第 3 位までとしたものである。

数	0	1	②	3	
1.0	1.000	1.005	1.010	1.015	
1.1	1.049	1.054	1.058	1.063	
1.2	1.095	1.100	1.105	1.109	
1.3	1.140	1.145	1.149	1.153	
1.4	1.183	1.187	1.192	1.196	
1.5	1.225	1.229	1.233	1.237	
1.6	1.265	1.269	1.273	1.277	
1.7	1.304	1.308	1.311	1.315	

たとえば，$\sqrt{1.52}$ の近似値は 1.5 の行の 2 の列の値で，1.233 である。

この近似値は真の値とは異なるが，$\sqrt{1.52}=1.233$ のように，等号 = を使って近似値を表すことがある。

注意 $\sqrt{1.52}≒1.233$ のように，記号 ≒ を使って近似値を表すこともある。

練習 7 巻末の平方根表を用いて，次の数の近似値を求めなさい。

(1) $\sqrt{4.27}$　　(2) $\sqrt{8.43}$　　(3) $\sqrt{51.4}$　　(4) $\sqrt{72.2}$

平方根の近似値の便利な覚え方の一例

$\sqrt{2}=1.41421356\cdots\cdots$ （一夜一夜に 人見頃）

$\sqrt{3}=1.7320508\cdots\cdots$ （人なみに おごれや）

$\sqrt{5}=2.2360679\cdots\cdots$ （富士山麓 オウム鳴く）

$\sqrt{6}=2.4494897\cdots\cdots$ （煮よ よくよ 焼くな）

$\sqrt{7}=2.64575\cdots\cdots$ （菜に 虫いない）

$\sqrt{8}=2.828427\cdots\cdots$ （ニヤニヤ 呼ぶな）

$\sqrt{10}=3.1622\cdots\cdots$ （三色に ならぶ）

第2章

開平法

平方根の近似値を求める方法として，39 ページのように平方根表を用いる方法や，電卓を用いる方法があります。

他にも，平方根の近似値を筆算で求める **開平法** という方法があります。ここでは，その筆算による方法を紹介します。

例として，$\sqrt{56789}$ の小数第 1 位までの値を求めてみましょう。
以下の手順により，右下のように筆算します。

① 小数点の位置から 2 桁ずつ区切る。

$$5 \vdots 67 \vdots 89$$

② 1 番左の区分にある 5 について，2 乗して 5 以下になる最大の整数として 2 を見つけ，ルートの上に 2 を書く。

③ 5 から 2^2 すなわち 4 をひいた結果の 1 と，上から下ろしてきた 67 を並べて 167 と書く。

$$
\begin{array}{r}
2 \\
2 \\
\hline
4\ 3 \\
3 \\
\hline
4\ 6\ 8 \\
8 \\
\hline
4\ 7\ 6\ 3 \\
3 \\
\end{array}
\qquad
\begin{array}{c|cccc}
 & 2 & 3 & 8 & 3 \\
\sqrt{} & 5 & 67 & 89 & \\
 & 4 & & & \\
\hline
 & 1 & 67 & & \\
 & 1 & 29 & & \\
\hline
 & & 38 & 89 & \\
 & & 37 & 44 & \\
\hline
 & & 1 & 45 & 00 \\
 & & 1 & 42 & 89 \\
\end{array}
$$

④ 左側では，$2+2=4$ を縦書きで計算し，$4\ \boxed{\ }\times\boxed{\ }$ が 167 以下になる最大の整数 $\boxed{\ }$ として 3 を見つけ，ルートの上に 3 を書く。

⑤ 167 から 43×3 すなわち 129 をひいた結果の 38 と，上から下ろしてきた 89 を並べて書く。
左側では，$43+3=46$ を縦書きで計算する。

以下，これをくり返すことにより，$\sqrt{56789}$ の小数第 1 位までの値 238.3 を求めることができます。

先生

$\sqrt{10}$ や $\sqrt{12.34}$ の近似値を開平法で求めてみましょう。

2. 根号を含む式の計算

根号を含む式の乗法と除法

$\sqrt{3} \times \sqrt{5}$ と $\sqrt{3 \times 5}$ の値を比べてみよう。

$\sqrt{3}$，$\sqrt{5}$ はともに正の数であるから，$\sqrt{3} \times \sqrt{5}$ も正の数である。

$\sqrt{3} \times \sqrt{5}$ を2乗すると

$$
\begin{aligned}
(\sqrt{3} \times \sqrt{5})^2 &= (\sqrt{3} \times \sqrt{5}) \times (\sqrt{3} \times \sqrt{5}) \\
&= (\sqrt{3} \times \sqrt{3}) \times (\sqrt{5} \times \sqrt{5}) \\
&= 3 \times 5
\end{aligned}
$$

乗法の順序を
入れかえる

$\sqrt{3} \times \sqrt{5}$ は正の数であるから，$\sqrt{3} \times \sqrt{5}$ は 3×5 の平方根のうち，正のものであることがわかる。

すなわち $\qquad \sqrt{3} \times \sqrt{5} = \sqrt{3 \times 5}$

また，正の数 $\dfrac{\sqrt{3}}{\sqrt{5}}$ を2乗すると，

$$
\begin{aligned}
\left(\frac{\sqrt{3}}{\sqrt{5}}\right)^2 &= \frac{\sqrt{3}}{\sqrt{5}} \times \frac{\sqrt{3}}{\sqrt{5}} \\
&= \frac{\sqrt{3} \times \sqrt{3}}{\sqrt{5} \times \sqrt{5}} = \frac{3}{5}
\end{aligned}
$$

となるから，$\dfrac{\sqrt{3}}{\sqrt{5}} = \sqrt{\dfrac{3}{5}}$ が成り立つことがわかる。

一般に，平方根の積と商について，次のことが成り立つ。

> **平方根の積と商**
>
> a，b が正の数のとき
> $$\sqrt{a} \times \sqrt{b} = \sqrt{ab}, \qquad \frac{\sqrt{a}}{\sqrt{b}} = \sqrt{\frac{a}{b}}$$

第2章

根号を含む式の計算をしてみよう。

例 6

(1) $\sqrt{2} \times \sqrt{3} = \sqrt{2 \times 3}$
$= \sqrt{6}$

(2) $\dfrac{\sqrt{15}}{\sqrt{3}} = \sqrt{\dfrac{15}{3}}$
$= \sqrt{5}$

注意 $\sqrt{2} \times \sqrt{3}$ は，記号 $\times$ を省略して $\sqrt{2}\sqrt{3}$ と書くことがある。

例 7

$\sqrt{35} \div \sqrt{5} = \dfrac{\sqrt{35}}{\sqrt{5}} = \sqrt{\dfrac{35}{5}} = \sqrt{7}$

練習 8 ▶ 次の計算をしなさい。

(1) $\sqrt{5} \times \sqrt{7}$

(2) $\dfrac{\sqrt{12}}{\sqrt{6}}$

(3) $\sqrt{3} \times \sqrt{\dfrac{10}{3}}$

(4) $\sqrt{0.25} \times \sqrt{12}$

(5) $\sqrt{42} \div \sqrt{7}$

(6) $\sqrt{30} \div \sqrt{6} \times \sqrt{3}$

根号を含む式の変形

$2 \times \sqrt{3}$, $\sqrt{3} \times 2$ のような積は，記号 $\times$ を省略して $2\sqrt{3}$ と書く。
$2\sqrt{3}$ のような形の式は，$\sqrt{a}$ の形に表すことができる。

例 8

(1) $2\sqrt{3} = \sqrt{2^2} \times \sqrt{3}$
$= \sqrt{2^2 \times 3}$
$= \sqrt{12}$

(2) $\dfrac{\sqrt{54}}{3} = \dfrac{\sqrt{54}}{\sqrt{3^2}}$
$= \sqrt{\dfrac{54}{3^2}}$
$= \sqrt{6}$

練習 9 ▶ 次の数を $\sqrt{a}$ の形に表しなさい。

(1) $3\sqrt{2}$

(2) $4\sqrt{5}$

(3) $\dfrac{\sqrt{18}}{3}$

(4) $\dfrac{2\sqrt{6}}{\sqrt{3}}$

前のページの例8，練習9とは逆の変形について考えてみよう。

根号の中の数を素因数分解したとき，根号の中の数が $\bigcirc^2 \times \triangle$，$\bigcirc^2$ の形になる場合は，次の例のような変形ができる。

例9

(1) $\sqrt{20} = \sqrt{2^2 \times 5}$ ← $20 = 2 \times 2 \times 5$
$$= \sqrt{2^2} \times \sqrt{5}$$
$$= 2\sqrt{5}$$

$a > 0$，$b > 0$ のとき
$$\sqrt{a^2 b} = a\sqrt{b}$$

(2) $\sqrt{\dfrac{7}{81}} = \dfrac{\sqrt{7}}{\sqrt{81}}$
$$= \dfrac{\sqrt{7}}{\sqrt{9^2}} = \dfrac{\sqrt{7}}{9}$$

練習 10 例9にならって，次の数を変形しなさい。

(1) $\sqrt{50}$ (2) $-\sqrt{72}$ (3) $\sqrt{\dfrac{3}{16}}$ (4) $\sqrt{0.06}$

例題 1 $\sqrt{12} \times \sqrt{45}$ を計算しなさい。

解答 $\sqrt{12} \times \sqrt{45} = \sqrt{12 \times 45}$
$$= \sqrt{2^2 \times 3 \times 3^2 \times 5} \quad \leftarrow \quad 2^2 \times 3 \times 3^2 \times 5$$
$$\qquad\qquad\qquad\qquad\qquad = (2 \times 3) \times (2 \times 3) \times 3 \times 5$$
$$= (2 \times 3)\sqrt{3 \times 5}$$
$$= 6\sqrt{15} \quad \boxed{答}$$

注意 例題1の式は，次のように計算してもよい。
$$\sqrt{12} \times \sqrt{45} = 2\sqrt{3} \times 3\sqrt{5} = 6\sqrt{15}$$
また，計算結果に根号を含む場合，根号の中の数は，できるだけ小さい自然数にしておく。

練習 11 次の計算をしなさい。

(1) $\sqrt{28} \times \sqrt{27}$ (2) $\sqrt{18} \times \sqrt{50}$ (3) $\sqrt{24} \div \sqrt{300}$

分母の有理化 (1)

分母に根号を含む数は，次の例のように分母に根号を含まない形に変形できる。このことを，分母を **有理化** するという。

分母に $\sqrt{a}$ を含む場合は，分母と分子に $\sqrt{a}$ をかけて，分母を有理化することができる。

例 10

(1) $\dfrac{2}{\sqrt{3}} = \dfrac{2 \times \sqrt{3}}{\sqrt{3} \times \sqrt{3}}$

　　　$= \dfrac{2\sqrt{3}}{3}$

(2) $\dfrac{5}{2\sqrt{5}} = \dfrac{5 \times \sqrt{5}}{2\sqrt{5} \times \sqrt{5}}$

　　　$= \dfrac{5 \times \sqrt{5}}{2 \times 5}$

　　　$= \dfrac{\sqrt{5}}{2}$

練習 12 ▶ 次の数の分母を有理化しなさい。

(1) $\dfrac{3}{\sqrt{5}}$　　　(2) $\dfrac{4}{\sqrt{6}}$　　　(3) $\dfrac{5}{2\sqrt{3}}$　　　(4) $\dfrac{4}{3\sqrt{2}}$　　　(5) $\dfrac{7}{\sqrt{18}}$

除法の計算結果は，ふつう，分母を有理化して，分母に根号を含まない形にしておく。

例 11

$\sqrt{20} \div \sqrt{3} = \dfrac{\sqrt{20}}{\sqrt{3}}$

$= \dfrac{2\sqrt{5}}{\sqrt{3}}$

$= \dfrac{2\sqrt{5} \times \sqrt{3}}{\sqrt{3} \times \sqrt{3}}$

$= \dfrac{2\sqrt{15}}{3}$

　根号の中の数を
　できるだけ小さくする

　分母を有理化する

練習 13 ▶ 次の計算をしなさい。

(1) $\sqrt{3} \div \sqrt{5}$　　　　(2) $\sqrt{18} \div \sqrt{7}$　　　　(3) $\sqrt{50} \div \sqrt{3}$

分母を有理化するのはどうして？

たいちさん

分母に根号を含む数の場合，分母を有理化するのはどうしてですか？

先生

$\dfrac{1}{\sqrt{2}}$ を例として考えてみましょう。

$\sqrt{2}$ の近似値を 1.414 とするとき，$\dfrac{1}{\sqrt{2}}$ の値は何になりますか？

$1 \div 1.414$ だから，えーっと……。

少し複雑な計算になりますね。

では，$\dfrac{1}{\sqrt{2}}$ の代わりに分母を有理化した $\dfrac{\sqrt{2}}{2}$

を考えると，値はどうなりますか？

$1.414 \div 2$ だから……，0.707 です！

そうです。有理化したあとの方が，計算が簡単でしたね。分母を有理化した方がおよその値を求めやすくなることが多く，およその長さを求めるときにも便利です。また，有理化するもう 1 つの利点として，たとえば，

$$\dfrac{\sqrt{6}}{6}, \quad \dfrac{1}{\sqrt{6}}, \quad \dfrac{\sqrt{3}}{3\sqrt{2}}, \quad \dfrac{\sqrt{2}}{2\sqrt{3}}$$

はいずれも同じ値を表しますが，有理化する

と，$\dfrac{\sqrt{6}}{6}$ ただ 1 つとなります。

$\sqrt{2}+\sqrt{3}$ は，これ以上簡単な形にすることはできないが，$5\sqrt{2}+3\sqrt{2}$ のように，根号の中の数が同じ場合には，文字式の同類項の計算と同様に

$$5\sqrt{2}+3\sqrt{2}=(5+3)\sqrt{2}=8\sqrt{2}$$

とできる。

← $\sqrt{2}+\sqrt{3}=\sqrt{2+3}$ は誤り。
$\sqrt{2}=1.41\cdots,\ \sqrt{3}=1.73\cdots,$
$\sqrt{5}=2.23\cdots$ である。

$$\bullet\sqrt{}+\blacktriangle\sqrt{}$$
$$=(\bullet+\blacktriangle)\sqrt{}$$

例 12

(1) $2\sqrt{3}+5\sqrt{3}=(2+5)\sqrt{3}$
$\qquad\qquad\quad=7\sqrt{3}$

← $\sqrt{3}=a$ とすると
$\quad 2a+5a=(2+5)a$
$\qquad\qquad=7a$

(2) $\sqrt{5}-3\sqrt{5}=(1-3)\sqrt{5}$
$\qquad\qquad\quad=-2\sqrt{5}$

(3) $3\sqrt{7}-2\sqrt{7}+\sqrt{7}=(3-2+1)\sqrt{7}$
$\qquad\qquad\qquad\qquad=2\sqrt{7}$

練習 14 次の計算をしなさい。

(1) $4\sqrt{2}+7\sqrt{2}$

(2) $3\sqrt{3}-4\sqrt{3}$

(3) $-3\sqrt{5}+\sqrt{5}-2\sqrt{5}$

(4) $5\sqrt{11}-2\sqrt{11}-3\sqrt{11}$

例 13

$5\sqrt{2}+4\sqrt{3}-\sqrt{2}-9\sqrt{3}=(5-1)\sqrt{2}+(4-9)\sqrt{3}$
$\qquad\qquad\qquad\qquad\qquad=4\sqrt{2}-5\sqrt{3}$

注意 $4\sqrt{2}-5\sqrt{3}$ はこれ以上簡単な形にできないが，1 つの数を表している。

練習 15 次の計算をしなさい。

(1) $3\sqrt{5}-2\sqrt{3}-\sqrt{5}+3\sqrt{3}$

(2) $\sqrt{2}+5\sqrt{3}-3\sqrt{2}-(-2\sqrt{3})$

(3) $6\sqrt{5}-4\sqrt{5}+\sqrt{7}-2\sqrt{5}-7\sqrt{7}$

根号の中の数が異なる場合でも，$\sqrt{a^2 b}=a\sqrt{b}$ の変形によって，和や差を計算できる場合がある。

例 14
$$\sqrt{27}-\sqrt{12}+\sqrt{48}=3\sqrt{3}-2\sqrt{3}+4\sqrt{3}$$
$$=(3-2+4)\sqrt{3}$$
$$=5\sqrt{3}$$

$\leftarrow 27=3^2\times 3,$
$\quad 12=2^2\times 3,$
$\quad 48=4^2\times 3$

練習 16 次の計算をしなさい。

(1) $\sqrt{50}-\sqrt{32}$ 　　　(2) $\sqrt{18}+\sqrt{8}-\sqrt{72}$

(3) $\sqrt{108}-\sqrt{75}+\sqrt{27}$ 　　　(4) $\sqrt{125}-\sqrt{245}+\sqrt{20}$

分母に根号を含む数が入った式では，分母を有理化すると，計算できる場合がある。

例 15
$$3\sqrt{2}+\frac{4}{\sqrt{2}}-\frac{\sqrt{8}}{2}=3\sqrt{2}+\frac{4\times\sqrt{2}}{\sqrt{2}\times\sqrt{2}}-\frac{2\sqrt{2}}{2}$$
$$=3\sqrt{2}+\frac{4\sqrt{2}}{2}-\sqrt{2}$$
$$=3\sqrt{2}+2\sqrt{2}-\sqrt{2}$$
$$=(3+2-1)\sqrt{2}$$
$$=4\sqrt{2}$$

練習 17 次の計算をしなさい。

(1) $\sqrt{45}+\dfrac{20}{\sqrt{5}}$ 　　　(2) $\sqrt{48}-\dfrac{9}{\sqrt{3}}$

(3) $\dfrac{10}{\sqrt{2}}-3\sqrt{8}+\sqrt{18}$ 　　　(4) $-\sqrt{24}+\dfrac{2\sqrt{3}}{\sqrt{2}}-\dfrac{3}{\sqrt{6}}$

いろいろな計算

多項式の計算と同様に，分配法則を利用して計算してみよう。

例 16

(1) $\sqrt{2}(\sqrt{6}-\sqrt{5})=\sqrt{2}\times\sqrt{6}-\sqrt{2}\times\sqrt{5}$
$$=\sqrt{2^2\times 3}-\sqrt{2\times 5}$$
$$=2\sqrt{3}-\sqrt{10}$$

(2) $(\sqrt{6}+\sqrt{2})(\sqrt{3}+1)$
$$=\sqrt{6}\times\sqrt{3}+\sqrt{6}\times 1+\sqrt{2}\times\sqrt{3}+\sqrt{2}\times 1$$
$$=3\sqrt{2}+\sqrt{6}+\sqrt{6}+\sqrt{2}$$
$$=4\sqrt{2}+2\sqrt{6}$$

練習 18 次の計算をしなさい。

(1) $\sqrt{2}(\sqrt{3}-\sqrt{2})$

(2) $(\sqrt{18}-\sqrt{12})\div\sqrt{2}$

(3) $(\sqrt{3}-\sqrt{2})(7+\sqrt{6})$

(4) $(-1+\sqrt{14})(-3\sqrt{7}-2\sqrt{2})$

展開の公式を利用して計算してみよう。

例 17

(1) $(\sqrt{3}+\sqrt{5})^2=(\sqrt{3})^2+2\times\sqrt{5}\times\sqrt{3}+(\sqrt{5})^2$
$$=3+2\sqrt{15}+5$$
$$=8+2\sqrt{15}$$

(2) $(\sqrt{2}+3)(\sqrt{2}-3)=(\sqrt{2})^2-3^2$
$$=2-9$$
$$=-7$$

練習 19 次の計算をしなさい。

(1) $(5+\sqrt{2})^2$

(2) $(2\sqrt{3}-1)^2$

(3) $(\sqrt{6}-\sqrt{3})(\sqrt{6}+\sqrt{3})$

(4) $(3\sqrt{2}+1)(3\sqrt{2}-5)$

分母に $\sqrt{a} + \sqrt{b}$ や $\sqrt{a} - \sqrt{b}$ を含む場合は，次のような式の変形を利用して，分母を有理化することができる。

$$(\sqrt{a} + \sqrt{b})(\sqrt{a} - \sqrt{b}) = (\sqrt{a})^2 - (\sqrt{b})^2 = a - b$$

$\dfrac{1}{\sqrt{5} + \sqrt{2}}$ の分母を有理化してみよう。

$$(\sqrt{5} + \sqrt{2})(\sqrt{5} - \sqrt{2}) = (\sqrt{5})^2 - (\sqrt{2})^2$$
$$= 5 - 2 = 3$$

であるから，分母と分子に $\sqrt{5} - \sqrt{2}$ をかけると

$$\frac{1}{\sqrt{5} + \sqrt{2}} = \frac{1 \times (\sqrt{5} - \sqrt{2})}{(\sqrt{5} + \sqrt{2}) \times (\sqrt{5} - \sqrt{2})}$$
$$= \frac{\sqrt{5} - \sqrt{2}}{3}$$

となり，分母が有理化される。

例 18

$$\frac{2}{3 - \sqrt{2}} = \frac{2(3 + \sqrt{2})}{(3 - \sqrt{2})(3 + \sqrt{2})}$$

← 分母が $3 - \sqrt{2}$ であるから
$3 + \sqrt{2}$ を分母と分子にかける

$$= \frac{2(3 + \sqrt{2})}{3^2 - (\sqrt{2})^2}$$
$$= \frac{6 + 2\sqrt{2}}{9 - 2}$$
$$= \frac{6 + 2\sqrt{2}}{7}$$

練習 20 次の数の分母を有理化しなさい。

(1) $\dfrac{1}{\sqrt{5} - \sqrt{3}}$
(2) $\dfrac{1}{\sqrt{3} + \sqrt{2}}$
(3) $\dfrac{2\sqrt{2}}{\sqrt{5} + 1}$

式の値

根号を含む数について，式の値を計算してみよう。

例題
2

$x=\sqrt{2}+\sqrt{3}$，$y=\sqrt{2}-\sqrt{3}$ のとき，$x^2+2xy+y^2$ の値を求めなさい。

考え方 まず，$x^2+2xy+y^2$ を因数分解してから，x，y の値を代入する。

解答 $x^2+2xy+y^2=(x+y)^2$
$(x+y)^2$ に $x=\sqrt{2}+\sqrt{3}$，$y=\sqrt{2}-\sqrt{3}$ を代入して
$(x+y)^2=\{(\sqrt{2}+\sqrt{3})+(\sqrt{2}-\sqrt{3})\}^2$
$=(2\sqrt{2})^2=8$ 答

練習 21 $x=\sqrt{5}+\sqrt{7}$，$y=\sqrt{5}-\sqrt{7}$ のとき，x^2-y^2 の値を求めなさい。

例題
3

$x=\sqrt{5}+\sqrt{2}$，$y=\sqrt{5}-\sqrt{2}$ のとき，x^2+y^2 の値を求めなさい。

考え方 $(x+y)^2=x^2+2xy+y^2$ より $x^2+y^2=(x+y)^2-2xy$ となる。

解答 $x^2+y^2=(x+y)^2-2xy$
$x+y=(\sqrt{5}+\sqrt{2})+(\sqrt{5}-\sqrt{2})=2\sqrt{5}$
$xy=(\sqrt{5}+\sqrt{2})(\sqrt{5}-\sqrt{2})=5-2=3$
であるから，$(x+y)^2-2xy$ に $x+y=2\sqrt{5}$，$xy=3$ を代入
して $(x+y)^2-2xy=(2\sqrt{5})^2-2\times3$
$=20-6=14$ 答

練習 22 $x=\sqrt{6}-\sqrt{3}$，$y=\sqrt{6}+\sqrt{3}$ のとき，x^2+y^2 の値を求めなさい。

いろいろな問題

根号を含む数に関するいろいろな問題を解いてみよう。

例題 4　$2<\sqrt{a}<3.2$ を満たすような自然数 a を，すべて求めなさい。

解答　$2=\sqrt{4}$，$3.2=\sqrt{3.2^2}=\sqrt{10.24}$ であるから

$$\sqrt{4}<\sqrt{a}<\sqrt{10.24}\qquad よって\quad 4<a<10.24$$

したがって，条件を満たす自然数 a は

$$a=5,\ 6,\ 7,\ 8,\ 9,\ 10\qquad 答$$

練習 23 ▶ $3.5<\sqrt{a}<4.5$ を満たすような自然数 a を，すべて求めなさい。

例題 5　$\sqrt{24a}$ が自然数となるような自然数 a のうち，最も小さいものを求めなさい。

解答　$\sqrt{24a}=\sqrt{2^3\times3\times a}$ である。

$\sqrt{24a}$ が自然数となるのは，
$24a$ が自然数の 2 乗の形になる
ときである。

よって，条件を満たす自然数 a
のうち，最も小さいものは

$$a=2\times3=6\qquad 答$$

注意　$\sqrt{24a}=2\sqrt{6a}$ から，$\sqrt{6a}$ が自然数となる最小の自然数 a を求めてもよい。

練習 24 ▶ $\sqrt{\dfrac{240}{a}}$ が自然数となるような自然数 a のうち，最も小さいものを求めなさい。

整数部分，小数部分

小数 3.14 は　3.14＝3＋0.14　と考えられる。

このとき，3 を 3.14 の整数部分，0.14 を 3.14 の小数部分という。

3＜3.14＜4 であるから，小数部分は次のように表される。

$$0.14＝3.14－3$$

一般に，正の数 x に対して，

$m \leqq x < m+1$ を満たす整数 m を x の　整数部分，

$x-m$ を x の　小数部分　という。

練習 25 ▶ 次の数の整数部分と小数部分を，それぞれ求めなさい。

(1)　5.62 　　　　　(2)　7.5＋1.8 　　　　　(3)　$\sqrt{2}$

例題 **6** $\sqrt{5}$ の整数部分を a，小数部分を b とするとき，a^2+b^2 の値を求めなさい。

考え方　$\sqrt{5}＝a+b$ より $b＝\sqrt{5}-a$ となることを利用する。

解答　$\sqrt{4}<\sqrt{5}<\sqrt{9}$ であるから　$2<\sqrt{5}<3$

よって　　　　　$a＝2$

$\sqrt{5}$ から a をひいたものが b であるから

$$b＝\sqrt{5}-a＝\sqrt{5}-2$$

したがって　$a^2+b^2＝2^2+(\sqrt{5}-2)^2$

$$＝4+(5-4\sqrt{5}+4)$$

$$＝13-4\sqrt{5}　　\boxed{答}$$

練習 26 ▶ $\sqrt{10}$ の整数部分を a，小数部分を b とするとき，a^2+b^2 の値を求めなさい。

3. 有理数と無理数

ここで，今まで学んできた数についてまとめよう。

整数 m と正の整数 n を用いて，分数 $\dfrac{m}{n}$ の形に表される数を **有理数** という。整数 m は $\dfrac{m}{1}$ と表されるから，有理数である。

5　小数 0.5 なども分数で $\dfrac{1}{2}$ のように表されるから，有理数である。

整数以外の有理数を小数で表すと，次のようになる。

①　$\dfrac{1}{4}=0.25$　　②　$\dfrac{2}{3}=0.666\cdots\cdots$　　③　$\dfrac{7}{22}=0.3181818\cdots\cdots$

①のように，小数第何位かで終わる小数を **有限小数** といい，限りなく続く小数を **無限小数** という。無限小数のうち，②，③のように，あ
10　る位以下では数字の同じ並びがくり返される小数を **循環小数** という。

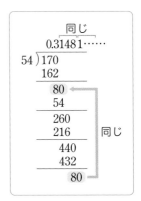

たとえば，有理数 $\dfrac{17}{54}$ を小数で表すには，下の図のように計算する。

この計算における余りは，順に

　　　8，26，44，8，……

であり，余りには「8，26，44」がこの順で
15　くり返し現れることがわかる。

また，商は順に

　　　3，1，4，8，1，……

であり，商には「1，4，8」がこの順でくり
返し現れる。

20　よって，有理数 $\dfrac{17}{54}$ は循環小数で表される。

一般の有理数について，整数や有限小数で表される数以外の有理数は，
必ず余りにくり返しが現れる。

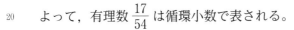

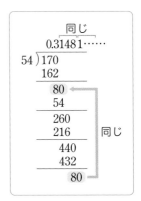

有理数の性質

整数以外の有理数は，有限小数か循環小数のいずれかで表される。
逆に，有限小数と循環小数は分数の形に表され，有理数である。

循環小数は，記号・を数字の上に書いて次のように表す。

$$0.666\cdots\cdots=0.\dot{6}, \qquad 0.31818\cdots\cdots=0.3\dot{1}\dot{8}, \qquad 1.234234\cdots\cdots=1.\dot{2}3\dot{4}$$

練習 27 ▶ 次の分数を小数に直し，上のような表し方で書きなさい。

(1) $\dfrac{1}{3}$ (2) $\dfrac{8}{9}$ (3) $\dfrac{3}{22}$ (4) $\dfrac{15}{7}$

循環小数を分数で表す方法を考えよう。

たとえば，循環小数 $3.\dot{2}\dot{7}=3.272727\cdots\cdots$ について，$3.272727\cdots\cdots=x$ とおくと，$100x=327.272727\cdots\cdots$ となる。

$100x-x$ を計算すると

$$\begin{array}{r} 100x=327.272727\cdots\cdots \\ -)\quad\ x=\ \ 3.272727\cdots\cdots \\ \hline 99x=324 \end{array}$$

よって，$x=\dfrac{324}{99}=\dfrac{36}{11}$ となり，$3.\dot{2}\dot{7}$ は分数で表すと $\dfrac{36}{11}$ である。

このように，循環する部分の桁数に応じて，循環小数を 10 倍や 100 倍することで，循環する部分が消えるような計算を行うとよい。

練習 28 ▶ 次の循環小数を分数で表しなさい。

(1) $0.\dot{1}$ (2) $0.\dot{1}\dot{2}$ (3) $0.4\dot{5}$ (4) $0.6\dot{4}\dot{8}$ (5) $6.5\dot{4}$

練習 29 ▶ 次の式を，分数に直して計算し，結果を循環小数で表しなさい。

(1) $0.3\dot{1}+0.3\dot{2}$ (2) $0.\dot{3}\dot{6}\times0.2\dot{1}$ (3) $1.2\dot{5}\div0.0\dot{5}$

有限小数や無限小数で表される数と整数とを合わせて **実数** という。

有理数でない実数もあり，そのような数を **無理数** という。

無理数は，循環しない無限小数で表される数であり，分数の形に表すことはできない。

5 　　たとえば，$\sqrt{2}$ や円周率 π は無理数であることが知られている。

$$\sqrt{2}=1.41421356237309\cdots\cdots,\qquad \pi=3.14159265358979\cdots\cdots$$

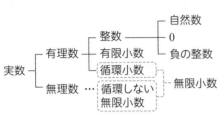
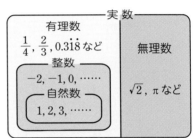

a，b が有理数のとき，和 $a+b$，差 $a-b$，積 ab，商 $\dfrac{a}{b}$ は有理数である。数の範囲を有理数から実数にまで広げると，2つの実数の和，差，積，商は実数である。

10 　　有理数，実数の範囲では，それぞれつねに四則計算ができる。

注 意 商に関しては，0でわることは考えない。

練習 30 右の表において，それぞれの数の範囲で四則計算を考えるとき，計算がその範囲でつねにできる場合には○，つねにできるとは限らない

15 場合には×を書き入れなさい。ただし，除法では，0でわることは考えない。

	加法	減法	乗法	除法
自然数				
整数				
有理数				
実数				

$\sqrt{2}$ が無理数であることの証明

前のページでは，$\sqrt{2}$ が無理数であることを述べたが，これを証明してみよう。

「$\sqrt{2}$ は無理数ではない」すなわち「有理数である」と仮定する。
（あとで，この仮定が誤りであることがわかる）

$1<\sqrt{2}<2$ であり，$\sqrt{2}$ は整数ではない有理数であるとすると，
2つの整数 m，n を用いて

$$\sqrt{2}=\frac{m}{n}$$

と分数の形で表すことができる。

ただし，$\frac{m}{n}$ はこれ以上約分できない分数とする。

このとき　　　　　　$\sqrt{2}\,n=m$

両辺を2乗すると　　$2n^2=m^2$ ……①

したがって，m^2 は偶数であるから，m も偶数である。

よって，m は整数 k を用いて，$m=2k$ と表されるから，

① に代入して　　　$2n^2=4k^2$ ← $m^2=(2k)^2=4k^2$

すなわち　　　　　　$n^2=2k^2$

したがって，n^2 は偶数であるから，n も偶数である。

> 偶数の2乗は偶数，奇数の2乗は奇数だから，m^2 が偶数のとき，m も偶数になるね。

けいこさん

m，n がともに偶数であることは，$\frac{m}{n}$ がこれ以上約分できない分数としたことに矛盾する。

上の証明では，「$\sqrt{2}$ は有理数である」と仮定した部分以外に誤りはない。
したがって，矛盾が生じた原因は，「$\sqrt{2}$ は有理数である」と仮定したことにある。

以上のことから，「$\sqrt{2}$ は有理数ではない」すなわち「無理数である」ことが証明された。

このように，ある事柄が成り立たないと仮定して誤りであることを導き，その事柄が成り立つことを証明する方法を **背理法** という。

4. 近似値と有効数字

近似値と誤差

38 ページで学んだように，真の値に近い値のことを近似値という。
根号を含む数の近似値を計算してみよう。

⁵ **例 19** $\sqrt{2}=1.414$ とする。

(1) $\sqrt{72}=\sqrt{6^2\times2}=6\sqrt{2}=6\times1.414=8.484$

(2) $\sqrt{0.02}=\sqrt{\dfrac{2}{100}}=\dfrac{\sqrt{2}}{10}=\dfrac{1.414}{10}=0.1414$

(3) $\dfrac{1}{7\sqrt{2}}=\dfrac{1\times\sqrt{2}}{7\sqrt{2}\times\sqrt{2}}=\dfrac{\sqrt{2}}{7\times2}=\dfrac{\sqrt{2}}{14}=\dfrac{1.414}{14}=0.101$

練習 31 $\sqrt{3}=1.732$，$\sqrt{30}=5.477$ とするとき，次の値を求めなさい。

¹⁰ (1) $\sqrt{300}$　(2) $\sqrt{48}$　(3) $\sqrt{1470}$　(4) $\sqrt{0.3}$　(5) $\dfrac{3}{5\sqrt{3}}$

近似値から真の値をひいた差を
誤差（ご さ）という。

（誤差）＝（近似値）－（真の値）

練習 32 小数第 3 位を四捨五入して $\dfrac{2}{3}$ の近似値を得たとき，真の値と近似値との誤差を求めなさい。

¹⁵ 小数第 2 位を四捨五入して得られた近似値が 3.7 であるとき，真の値を x とすると，x は次のような範囲にある。

$$3.65\leqq x<3.75$$

真の値の範囲

0.05　③.7　0.05

3.65　　　3.75

誤差が正の数　　誤差が負の数

真の値と近似値との誤差を e とすると，$e=3.7-x$ であるから，e の
²⁰ 範囲は $-0.05<e\leqq0.05$ である。

有効数字

たとえば，真の値が 4.302…… である数について，

　　[1]　小数第 2 位を四捨五入して得られる近似値は　4.3

　　[2]　小数第 3 位を四捨五入して得られる近似値は　4.30

となる。これらを区別せずに 4.3 と書くと，その近似値がどのくらい正確に表されたものなのかはっきりしなくなる。

　近似値を表す数のうち，信頼できる数字を **有効数字** という。

　上の [1] の有効数字は 4，3，[2] の有効数字は 4，3，0 である。

　近似値が 7200 と表される数がある。

この近似値の有効数字をはっきり示す場合には，次のように表す。

　　有効数字が 7，2 のとき　　　7.2×10^3

　　有効数字が 7，2，0 のとき　7.20×10^3

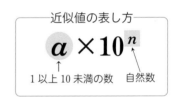
近似値の表し方
$$a \times 10^n$$
1 以上 10 未満の数　　自然数

　近似値が 1 より小さい正の数のときは，次のように表す。

$$a \times \frac{1}{10^n} \quad (a \text{ は 1 以上 10 未満の数，} n \text{ は自然数})$$

たとえば，近似値 0.0613 は $6.13 \times \dfrac{1}{10^2}$ と表される。

練習 33▶ 次の数を，$a \times 10^n$ または $a \times \dfrac{1}{10^n}$（a は 1 以上 10 未満の数，n は自然数）の形で表しなさい。

(1)　217.3　　　　　　　　(2)　1453.0

(3)　0.00628　　　　　　　(4)　0.0370

確認問題

1 次の数の平方根を求めなさい。

(1) 64 　　(2) 324 　　(3) $\dfrac{49}{225}$ 　　(4) 2.56 　　(5) 17

2 次の数を，根号を使わずに表しなさい。

(1) $\sqrt{100}$ 　　(2) $-\sqrt{16}$ 　　(3) $\sqrt{\dfrac{169}{49}}$ 　　(4) $-\sqrt{0.04}$ 　　(5) $\sqrt{121}$

3 次の数を $\sqrt{a}$ の形に表しなさい。

(1) $\sqrt{7}\times\sqrt{10}$ 　　(2) $5\sqrt{6}$ 　　(3) $\dfrac{2\sqrt{5}}{3}$ 　　(4) $\dfrac{5\sqrt{7}}{2\sqrt{3}}$

4 次の数の分母を有理化しなさい。

(1) $\dfrac{2}{\sqrt{5}}$ 　　(2) $\dfrac{6\sqrt{7}}{\sqrt{3}}$ 　　(3) $\dfrac{1}{\sqrt{5}-\sqrt{2}}$ 　　(4) $\dfrac{4}{\sqrt{7}-3}$

5 次の計算をしなさい。

(1) $\sqrt{32}-\sqrt{8}+\sqrt{72}$ 　　　　(2) $\sqrt{48}-2\sqrt{8}+5\sqrt{27}-\sqrt{50}$

(3) $\left(\dfrac{10}{\sqrt{5}}-\dfrac{3}{\sqrt{2}}\right)\times\sqrt{8}$ 　　　　(4) $(4\sqrt{3}+3\sqrt{2}-6)\div 2\sqrt{6}$

(5) $(3\sqrt{5}-2)(2\sqrt{5}+3)$ 　　　　(6) $(5\sqrt{2}-4\sqrt{3})^2$

6 $\sqrt{28a}$ が自然数となるような自然数 a のうち，最も小さいものを求めなさい。

7 $\sqrt{7}$ の小数部分を x とするとき，x^2+4x の値を求めなさい。

8 次の数の近似値を，小数第3位を四捨五入して得たとき，真の値と近似値との誤差を求めなさい。

(1) $\dfrac{4}{9}$ 　　　　　　　　　　　　(2) $\dfrac{10}{7}$

第2章

1 次の数の中で，最も大きい数を答えなさい。

$$4\sqrt{5}, \quad 2\sqrt{6}+4, \quad 5\sqrt{2}+2, \quad 3\sqrt{7}+1$$

2 次の計算をしなさい。

(1) $\dfrac{3}{\sqrt{3}}+2\sqrt{48}-\sqrt{75}-\dfrac{10\sqrt{6}}{\sqrt{2}}$

(2) $\dfrac{2}{\sqrt{2}}(\sqrt{8}-1)+\dfrac{2\sqrt{6}}{\sqrt{3}}-4$

(3) $\dfrac{3+\sqrt{2}}{\sqrt{3}}-\dfrac{2+\sqrt{8}}{\sqrt{6}}$

(4) $(\sqrt{3}-\sqrt{18})(\sqrt{3}-\sqrt{2})+\dfrac{24}{\sqrt{6}}$

(5) $\left(\dfrac{\sqrt{5}+3}{\sqrt{6}}\right)^2-\left(\dfrac{\sqrt{5}-3}{\sqrt{6}}\right)^2$

(6) $(2+\sqrt{3}+\sqrt{7})(2+\sqrt{3}-\sqrt{7})$

3 x の 1 次不等式 $\sqrt{2}\,x-\sqrt{2}<2-x$ を解きなさい。

4 $a-b=2\sqrt{3}$, $ab=3$ のとき，$(a+b)^2$ の値を求めなさい。

5 不等式 $4<\sqrt{5n}<6$ を満たす自然数 n を，すべて求めなさい。

6 数を右の図のように分類した。
次の数は，右の図の ① 〜 ④ の
どこに入るか答えなさい。

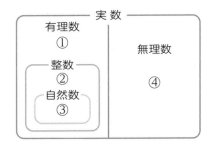

(1) -5　(2) $\dfrac{3}{4}$　(3) 2.75

(4) $\sqrt{5}$　(5) $\sqrt{49}$　(6) $\sqrt{12}$

(7) $\sqrt{(-6)^2}$　(8) $-\sqrt{\dfrac{64}{25}}$　(9) $0.\dot{7}$

7 次の数の近似値を [ ] 内の条件で四捨五入して求め，それを $a\times10^n$ または $a\times\dfrac{1}{10^n}$（a は 1 以上 10 未満の数，n は自然数）の形で表しなさい。

(1) $\dfrac{25712}{7}$ [小数第 2 位]

(2) $\dfrac{9}{130}$ [小数第 4 位]

8 次の事柄が正しいか正しくないかを答えなさい。

(1) $\sqrt{5}$ の平方は 5 である。

(2) $-\sqrt{(-3)^2}$ の平方は 3 である。

(3) 81 の平方根は ± 9 である。

(4) 7 の平方根は $\sqrt{7}$ である。

(5) -36 の平方根は ± 6 である。

(6) $-\sqrt{(-13)^2}$ は無理数である。

(7) $\sqrt{2.25}$ は有理数である。

(8) $\sqrt{50}$ は $\sqrt{5}$ の 10 倍である。

9 $x=\sqrt{7}+\sqrt{5}$, $y=\sqrt{7}-\sqrt{5}$ のとき，次の式の値を求めなさい。

(1) $x+y$

(2) xy

(3) x^2+y^2

(4) $\dfrac{y}{x}+\dfrac{x}{y}$

10 $\sqrt{10-n}$ が整数となるような自然数 n の値をすべて求めなさい。

11 $\sqrt{3x-5}$ の整数部分が 4 になるような x の値の範囲を求めなさい。

12 $\dfrac{1}{2-\sqrt{3}}$ の整数部分を a，小数部分を b とするとき，$a+b^2+2b+1$ の値を求めなさい。

13 次の連立方程式を解きなさい。

(1) $\begin{cases} \sqrt{2}\,x+y=-1 \\ x-\sqrt{2}\,y=4\sqrt{2} \end{cases}$

(2) $\begin{cases} \sqrt{3}\,x+\sqrt{5}\,y=8 \\ \sqrt{5}\,x-\sqrt{3}\,y=8 \end{cases}$

14 2019 年の日本の総人口は，126166948 人である。次の問いに答えなさい。

(1) この総人口を四捨五入して 10000000 人を単位とした概数で表したときの有効数字を答えなさい。

(2) (1)の概数を，$a\times 10^n$（a は 1 以上 10 未満の数，n は自然数）の形で表しなさい。

2次方程式

横の長さが縦の長さより 3 cm 長い長方形があり，その周の長さは 22 cm であるとします。長方形の縦の長さは何 cm でしょうか？

周の長さは 22 cm

この問題は「体系数学 1 代数編」で学んだ 1 次方程式や連立方程式を利用して解くことができます。
それぞれの方法について，学んだことを思い出しながら問題を解いてみましょう！

1 次方程式を利用する

縦の長さを x cm とする。

連立方程式を利用する

縦の長さを x cm，横の長さを y cm とする。

では，次の問題はどうでしょうか？

横の長さが縦の長さより 3 cm 長い
長方形があり，その面積は 28 cm²
であるとします。長方形の縦の長さ
は何 cm でしょうか？

面積は 28 cm²

1. 2次方程式の解き方

2次方程式とその解

横の長さが縦の長さより 3 cm 長い
長方形があり，その面積が $28\,\mathrm{cm}^2$ で
あるという。

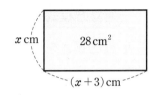

x cm　　28 cm²

$(x+3)$ cm

縦の長さを x cm とすると，横の長さは $(x+3)$ cm と表される。

よって，長方形の面積は $x(x+3)\,\mathrm{cm}^2$ となるから

$$x(x+3)=28$$

この方程式の左辺を展開して整理すると，次のようになる。

$$x^2+3x-28=0$$

このように，移項して整理すると

$$ax^2+bx+c=0$$

（ a は 0 でない定数，b，c は定数）

の形になる方程式を，x についての　**2次方程式**　という。

例 1
(1)　$2x^2+6x=3(2x+1)$ は，整理すると

$$2x^2-3=0$$

となる。よって，x についての 2 次方程式である。

(2)　$x(x+1)=(x+2)(x-3)$ は，整理すると

$$2x+6=0$$

となる。よって，x についての 2 次方程式ではない。

 次の方程式のうち，2 次方程式をすべて選びなさい。

(ア)　$x^2=9$　　(イ)　$(x-2)(x+3)=4$　　(ウ)　$x(x-1)=(x+2)(x-5)$

次の2次方程式が成り立つような x の値について考えてみよう。

$$x^2+3x-28=0 \quad \cdots\cdots ①$$

等式①の左辺の x に，自然数を代入すると，下の表のようになる。

x	1	2	3	4	5	6	7	8	9
$x^2+3x-28$	-24	-18	-10	0	12	26	42	60	80

表から，$x=4$ のとき，$x^2+3x-28$ の値が0となることがわかる。

また，x に負の整数を代入すると，$x=-7$ のとき，$x^2+3x-28$ の値は0になる。

すなわち，4と -7 は，2次方程式①を成り立たせる x の値である。

このように，2次方程式を成り立たせる文字の値を，その2次方程式の **解** という。つまり，$x=4$ と $x=-7$ は，2次方程式①の解である。

例 2

(1) $x=4$ が2次方程式 $x^2-2x-8=0$ の解かどうかを調べる。

$x=4$ を x^2-2x-8 に代入すると

$$4^2-2×4-8=0$$

となり，$x=4$ のときに $x^2-2x-8=0$ が成り立つ。

よって，$x=4$ は2次方程式 $x^2-2x-8=0$ の解である。

(2) $x=2$ が2次方程式 $x^2+3x+2=0$ の解かどうかを調べる。

$x=2$ を x^2+3x+2 に代入すると

$$2^2+3×2+2=12$$

となり，$x=2$ のときに $x^2+3x+2=0$ は成り立たない。

よって，$x=2$ は2次方程式 $x^2+3x+2=0$ の解ではない。

練習 2 次の2次方程式のうち，$x=-3$ が解であるものを選びなさい。

(ア) $x^2+x-6=0$　　(イ) $x^2-2x=3$　　(ウ) $2x(x+2)=x^2+x$

2次方程式の解をすべて求めることを，その2次方程式を **解く** とい
う。

いろいろな2次方程式を解く方法を考えてみよう。

因数分解による解き方

5 一般に，次のことが成り立つ。

2つの式を A，B とするとき
$$AB=0 \quad \text{ならば} \quad A=0 \ \text{または} \ B=0$$

上の性質を利用するために，2次方程式を $ax^2+bx+c=0$ の形に整
理して，左辺を因数分解することを考える。

10 たとえば，2次方程式 $(x-3)(x-5)=0$ について，

上の性質から　　　$x-3=0$　または　$x-5=0$

したがって　　　　$x=3$　　　また は　$x=5$

すなわち，2次方程式 $(x-3)(x-5)=0$ の解は $x=3$，5 である。

例 3

(1) $x^2-4x-12=0$ を解く。

15 左辺を因数分解すると　$(x+2)(x-6)=0$

よって　　　　$x+2=0$　または　$x-6=0$

したがって　　$x=-2$，6

(2) $3x^2+7x=-4$ を解く。

-4 を移項すると　　　　$3x^2+7x+4=0$

20 左辺を因数分解すると　$(x+1)(3x+4)=0$

よって　　　　$x+1=0$　または　$3x+4=0$

したがって　　$x=-1$，$-\dfrac{4}{3}$

練習 3 次の 2 次方程式を解きなさい。

(1) $x^2-5x+6=0$ (2) $x^2-64=0$

(3) $x^2+2x=15$ (4) $x^2+12x=-32$

(5) $2x^2+5x-3=0$ (6) $15x^2+19x=10$

 $x^2+9x=0$ を解く。   ← 両辺を x でわってはいけない

左辺を因数分解すると $x(x+9)=0$

よって $x=0$ または $x+9=0$

したがって $x=0,\ -9$

練習 4 次の 2 次方程式を解きなさい。

(1) $x^2-x=0$ (2) $x^2=7x$ (3) $4x^2+18x=0$

解を 1 つしかもたない 2 次方程式

 $x^2-6x+9=0$ を解く。

左辺を因数分解すると $(x-3)^2=0$

よって $x-3=0$

したがって $x=3$

例 5 の 2 次方程式は，解を 1 つしかもたない。

これは，$(x-3)(x-3)=0$ と考えたとき，2 つの解が重なったといえる。このような解を **重解** という。

$(ax+b)^2=0$ の形になる 2 次方程式の解は重解になる。

練習 5 次の 2 次方程式を解きなさい。

(1) $(x+4)^2=0$ (2) $x^2-12x+36=0$ (3) $9x^2+24x+16=0$

第3章

$ax^2=b$ の解き方

$ax^2=b$ の形の 2 次方程式は，平方根の考えを利用して解くことができる。

例 6
(1) $x^2=4$ を解く。

x は 4 の平方根であるから　$x=\pm2$

(2) $2x^2=14$ を解く。

両辺を 2 でわると　　　　$x^2=7$

x は 7 の平方根であるから　$x=\pm\sqrt{7}$

練習 6 次の 2 次方程式を解きなさい。

(1) $x^2=36$ (2) $x^2=5$ (3) $3x^2=48$ (4) $5x^2=15$

例 7
$4x^2-3=0$ を解く。

-3 を移項すると　$4x^2=3$

$$x^2=\frac{3}{4}$$ 　両辺を 4 でわる

$$x=\pm\sqrt{\frac{3}{4}}$$ 　平方根を考える

よって　　　　　　　$x=\pm\dfrac{\sqrt{3}}{2}$

注意　例 7 について，$4x^2=3$ を $(2x)^2=3$ と考えて，次のように解いてもよい。

$$(2x)^2=3$$
$$2x=\pm\sqrt{3}$$
$$x=\pm\frac{\sqrt{3}}{2}$$

練習 7 次の 2 次方程式を解きなさい。

(1) $2x^2-50=0$ (2) $4x^2-9=0$

(3) $48x^2-21=0$ (4) $\dfrac{1}{2}x^2-\dfrac{4}{25}=0$

$(x+m)^2=n$ の解き方

$(x+m)^2=n$ の形の 2 次方程式は，$x+m=M$ とおくと，

$$M^2=n$$

の形の方程式となり，前のページと同じように，平方根の考えを利用して解くことができる。

例 8 $(x+3)^2=36$ を解く。

$x+3$ は 36 の平方根であるから ●⋯⋯⋯⋯⋯

$$x+3=\pm 6$$

$$x=-3\pm 6$$

よって $\qquad x=3,\ -9$

> $x+3=M$ とおくと
> $$M^2=36$$
> $$M=\pm 6$$

例 9 $(x-2)^2-7=0$ を解く。

-7 を移項すると

$$(x-2)^2=7$$

$$x-2=\pm\sqrt{7}$$

$$x=2\pm\sqrt{7}$$

よって $\qquad x=2+\sqrt{7},\ 2-\sqrt{7}$

注意 「$x=2\pm\sqrt{7}$」を答えとしてもよい。

練習 8 ▶ 次の 2 次方程式を解きなさい。

(1) $(x-1)^2=49$ (2) $(x+8)^2=6$

(3) $(x+4)^2-25=0$ (4) $(x+2)^2-5=0$

(5) $2(x+3)^2-18=0$ (6) $3(x-5)^2-24=0$

$x^2 + px + q = 0$ の解き方

$x^2 + px + q = 0$ の形の 2 次方程式も，$(x+m)^2 = n$ の形に変形することにより，前のページと同じように解くことができる。

たとえば，2 次方程式 $x^2 + 6x + 7 = 0$ は，次のようにして解く。

7 を右辺に移項すると $\qquad x^2 + 6x = -7$

左辺を $(x+m)^2$ の形に変形するために，両辺に x の係数の半分の 2 乗，すなわち 3^2 をたすと

$$x^2 + 6x + 3^2 = -7 + 3^2$$
$$(x+3)^2 = 2$$
$$x + 3 = \pm\sqrt{2}$$

よって $\qquad x = -3 \pm \sqrt{2}$

$x^2 + \boxed{6}\,x = -7$

半分の2乗

$x^2 + 6x + \boxed{3^2} = -7 + \boxed{3^2}$

例 10 $x^2 + 5x + 2 = 0$ を解く。

2 を移項すると $\quad x^2 + 5x = -2$

$$x^2 + 5x + \left(\frac{5}{2}\right)^2 = -2 + \left(\frac{5}{2}\right)^2 \qquad \Big)\ 両辺に \left(\frac{5}{2}\right)^2 をたす$$

$$\left(x + \frac{5}{2}\right)^2 = \frac{17}{4}$$

$$x + \frac{5}{2} = \pm\frac{\sqrt{17}}{2}$$

$$x = -\frac{5}{2} \pm \frac{\sqrt{17}}{2}$$

よって $\qquad x = \dfrac{-5 \pm \sqrt{17}}{2}$

練習 9 次の 2 次方程式を解きなさい。

(1) $x^2 + 6x + 4 = 0$ (2) $x^2 - 4x - 3 = 0$ (3) $x^2 + 3x - 5 = 0$

2次方程式の解の公式

2次方程式 $ax^2+bx+c=0$ の解を，2次方程式 $3x^2+5x+1=0$ の解き方と比べながら，導いてみよう。

$$ax^2+bx+c=0 \qquad\qquad 3x^2+5x+1=0$$

両辺を x^2 の係数でわる

$$x^2+\frac{b}{a}x+\frac{c}{a}=0 \qquad\qquad x^2+\frac{5}{3}x+\frac{1}{3}=0$$

定数項を右辺に移項する

$$x^2+\frac{b}{a}x=-\frac{c}{a} \qquad\qquad x^2+\frac{5}{3}x=-\frac{1}{3}$$

両辺に x の係数の半分の2乗をたす

$$x^2+\frac{b}{a}x+\left(\frac{b}{2a}\right)^2=-\frac{c}{a}+\left(\frac{b}{2a}\right)^2 \qquad x^2+\frac{5}{3}x+\left(\frac{5}{6}\right)^2=-\frac{1}{3}+\left(\frac{5}{6}\right)^2$$

左辺を2乗の形にし，右辺を計算する

$$\left(x+\frac{b}{2a}\right)^2=\frac{b^2-4ac}{4a^2} \qquad\qquad \left(x+\frac{5}{6}\right)^2=\frac{13}{36}$$

平方根を求める

$b^2-4ac\geqq0$ のとき$^{(*)}$

$$x+\frac{b}{2a}=\pm\frac{\sqrt{b^2-4ac}}{2a} \qquad\qquad x+\frac{5}{6}=\pm\frac{\sqrt{13}}{6}$$

定数項を移項する

$$x=-\frac{b}{2a}\pm\frac{\sqrt{b^2-4ac}}{2a} \qquad\qquad x=-\frac{5}{6}\pm\frac{\sqrt{13}}{6}$$

すなわち $\quad x=\dfrac{-b\pm\sqrt{b^2-4ac}}{2a}$ 　　　　すなわち $\quad x=\dfrac{-5\pm\sqrt{13}}{6}$

$(*)$ $\quad b^2-4ac<0$ のとき，2次方程式は実数の解をもたない。

第3章

前のページで求めた 2 次方程式 $ax^2+bx+c=0$ の解を，2 次方程式
の **解の公式** という。

---

2 次方程式の解の公式

2 次方程式 $ax^2+bx+c=0$ の解は

$$x=\frac{-b\pm\sqrt{b^2-4ac}}{2a}$$

$a\,x^2+\boxed{b}\,x+\boxed{c}=0$

↓

$x=\dfrac{-\boxed{b}\pm\sqrt{\boxed{b}^2-4\,\boxed{a}\,\boxed{c}}}{2\,\boxed{a}}$

例11 $3x^2+5x+1=0$ を解く。

解の公式に，$a=\boxed{3}$，$b=\boxed{5}$，$c=\boxed{1}$ を代入すると

$$x=\frac{-\boxed{5}\pm\sqrt{\boxed{5}^2-4\times\boxed{3}\times\boxed{1}}}{2\times\boxed{3}}=\frac{-5\pm\sqrt{13}}{6}$$

例題1 次の 2 次方程式を解きなさい。

(1) $3x^2-9x+5=0$　　　　(2) $x^2-5x-5=0$

解答 (1) $x=\dfrac{-(-9)\pm\sqrt{(-9)^2-4\times3\times5}}{2\times3}$ ← 解の公式に，
$\qquad\qquad\qquad\qquad\qquad\qquad\qquad\qquad\quad a=3,\ b=-9,\ c=5$
$\qquad\qquad\qquad\qquad\qquad\qquad\qquad\qquad\quad$ を代入

$\qquad\qquad =\dfrac{9\pm\sqrt{81-60}}{6}$

$\qquad\qquad =\dfrac{9\pm\sqrt{21}}{6}$ 　**答**

(2) $x=\dfrac{-(-5)\pm\sqrt{(-5)^2-4\times1\times(-5)}}{2\times1}$

$\qquad\qquad =\dfrac{5\pm\sqrt{25+20}}{2}$

$\qquad\qquad =\dfrac{5\pm\sqrt{45}}{2}$

$\qquad\qquad =\dfrac{5\pm3\sqrt{5}}{2}$ 　**答**

練習 10 ▶ 次の 2 次方程式を解きなさい。

(1) $3x^2+7x+1=0$ (2) $x^2-3x-3=0$

(3) $2x^2-5x+1=0$ (4) $3x^2+6x-1=0$

例題 2 次の 2 次方程式を解きなさい。

5                            $2x^2+7x-4=0$

解 答

$$x=\frac{-7\pm\sqrt{7^2-4\times 2\times(-4)}}{2\times 2}$$

$$=\frac{-7\pm\sqrt{81}}{4}$$

$$=\frac{-7\pm 9}{4}$$

よって $x=\dfrac{-7+9}{4},\ \ \dfrac{-7-9}{4}$

10   すなわち $x=\dfrac{1}{2},\ \ -4$ 答

注 意 例題 2 は，20 ページのたすきがけによる因数分解を利用して解くこともできる。

$$2x^2+7x-4=0$$
$$(2x-1)(x+4)=0$$

15   よって $2x-1=0$ または $x+4=0$

したがって $x=\dfrac{1}{2},\ \ -4$

 練習 11 ▶ 次の 2 次方程式を解きなさい。

(1) $6x^2+x-2=0$ (2) $4x^2-5x-6=0$

(3) $5x^2-x-4=0$ (4) $4x^2+8x+3=0$

第
3
章

2次方程式 $ax^2+\boxed{b}\,x+c=0$ の x の係数 $\boxed{b}$ が偶数のとき，$b=2b'$ と考えると，解の公式を簡単にすることができる。

2次方程式 $ax^2+2b'x+c=0$ の解は次のようになる。

$$x=\frac{-(2b')\pm\sqrt{(2b')^2-4ac}}{2a}$$

$$=\frac{-2b'\pm\sqrt{4b'^2-4ac}}{2a}$$

$$=\frac{-2b'\pm\sqrt{4(b'^2-ac)}}{2a}$$

$$=\frac{-2b'\pm2\sqrt{b'^2-ac}}{2a}$$

$$=\frac{-b'\pm\sqrt{b'^2-ac}}{a}$$

よって，次のような公式が成り立つ。

2次方程式 $ax^2+2b'x+c=0$ の解は

$$x=\frac{-b'\pm\sqrt{b'^2-ac}}{a}$$

例 12 $5x^2+6x-1=0$ を解く。

$$x=\frac{-3\pm\sqrt{3^2-5\times(-1)}}{5}$$

← 上の公式に，
$a=5,\ b'=3,\ c=-1$
を代入

$$=\frac{-3\pm\sqrt{14}}{5}$$

練習 12 次の2次方程式を解きなさい。

(1) $x^2+2x-2=0$　　　　(2) $2x^2-4x+1=0$

(3) $3x^2-2x-8=0$　　　　(4) $5x^2-6x-8=0$

いろいろな2次方程式

　式が複雑な場合は，かっこをはずして整理したり，係数を整数に直したりして解くとよい。

例題 **3**

次の2次方程式を解きなさい。

$$2(x+1)^2=1-x$$

解答

$$2(x+1)^2=1-x$$
$$2(x^2+2x+1)=1-x$$ $(x+1)^2$ を展開する

$$2x^2+4x+2=1-x$$ かっこをはずす

$$2x^2+5x+1=0$$

よって $x=\dfrac{-5\pm\sqrt{5^2-4\times2\times1}}{2\times2}=\dfrac{-5\pm\sqrt{17}}{4}$ 答

練習 **13** ▶ 次の2次方程式を解きなさい。

(1) $3(x^2+2x)-3x=1$　　　　(2) $(3x+1)(3x-1)=x(7x+9)+4$

(3) $\dfrac{1}{3}x^2-\dfrac{2}{3}x+\dfrac{2}{9}=0$　　　　(4) $1.6x^2+0.8x+0.1=0$

2次方程式の解き方

① $ax^2=b$，$a(x+m)^2=n$ の形の2次方程式は，平方根の考えを利用。

② ① 以外の形の2次方程式は

　[1] 係数に分数や小数があるときは，両辺を何倍かして分数や小数をなくす。かっこのある式は，かっこをはずす。

　[2] $ax^2+bx+c=0$ の形に整理する。←係数はなるべく簡単な整数にする

　　　（整理した式が $ax^2+c=0$ の形のときは，① と同じようにして解く）

　[3] 左辺を因数分解できるかどうか考える。

　　　因数分解できる場合は，「$AB=0$ ならば $A=0$ または $B=0$」を利用。

　[4] （すぐには）因数分解できない場合は，解の公式を利用。

方程式と解

例題 4 x の 2 次方程式 $2x^2+mx-m^2=0$ の解の 1 つが 1 であるとき，定数 m の値を求めなさい。

考え方 $x=1$ を 2 次方程式に代入した式が成り立つ。

解答 解の 1 つが 1 であるから，2 次方程式 $2x^2+mx-m^2=0$ に $x=1$ を代入すると

$$2\times1^2+m\times1-m^2=0$$

すなわち　$(m+1)(m-2)=0$

したがって　$m=-1,\ 2$　答

練習 14 x の 2 次方程式 $2x^2+mx-3m^2=0$ の解の 1 つが -1 であるとき，定数 m の値を求めなさい。

例題 5 x の 2 次方程式 $x^2+ax+b=0$ が -2 と 4 を解にもつとき，定数 $a,\ b$ の値を求めなさい。

解答 解が -2 と 4 であるから，2 次方程式 $x^2+ax+b=0$ に $x=-2$, $x=4$ をそれぞれ代入すると

$$(-2)^2+a\times(-2)+b=0$$

$$4^2+a\times4+b=0$$

すなわち　$4-2a+b=0$　……①

$$16+4a+b=0$$　……②

①，② より　$a=-2,\ b=-8$　答

練習 15 x の 2 次方程式 $x^2+ax+b=0$ が -1 と -3 を解にもつとき，定数 $a,\ b$ の値を求めなさい。

■ 2次方程式の実数解の個数

方程式における実数の解を，単に **実数解** という。

71ページの2次方程式 $ax^2+bx+c=0$

の解の公式を導く過程で，14行目において，

「$b^2-4ac \geqq 0$ のとき」

としていた。この b^2-4ac の符号によって，

2次方程式 $ax^2+bx+c=0$ の実数解は，次のように分類される。

> 根号の中の式に注目
> $$x=\frac{-b \pm \sqrt{b^2-4ac}}{2a}$$

[1]　$b^2-4ac>0$ のとき

　異なる2つの実数解 $x=\dfrac{-b \pm \sqrt{b^2-4ac}}{2a}$ をもつ。

[2]　$b^2-4ac=0$ のとき

　ただ1つの実数解（重解） $x=-\dfrac{b}{2a}$ をもつ。　　$\leftarrow x=\dfrac{-b \pm \sqrt{0}}{2a}$

[3]　$b^2-4ac<0$ のとき　$\leftarrow$ 71ページの12行目の式において，
　実数解をもたない。　　　（左辺）$\geqq 0$，（右辺）<0 となり，成り立たない

　2次方程式 $ax^2+bx+c=0$ について，b^2-4ac を **判別式** といい，

ふつう **D** で表す。

　右のように，判別式の符号によって，実数解の個数がわかる。

$D=b^2-4ac$ の符号	$D>0$	$D=0$	$D<0$
実数解の個数	2個	1個（重解）	0個

例 13　2次方程式 $x^2-5x+3=0$ の判別式をDとすると

$$D=(-5)^2-4 \times 1 \times 3=13>0$$

　よって，実数解の個数は2個である。

練習 16 ▶ 次の2次方程式の実数解の個数を求めなさい。

(1)　$x^2+10x+25=0$　　(2)　$2x^2+3x+4=0$　　(3)　$3x^2+7x+1=0$

2. 2次方程式の利用

2次方程式を利用して，いろいろな問題を解いてみよう。

例題 6 ある自然数から 4 をひいた数の 2 乗が，もとの自然数に 3 をたして 10 倍した数よりも 5 大きくなるとき，もとの自然数を求めなさい。

解答 もとの自然数を x とおく。　　　　← 求める数量を x とおく

x から 4 をひいた数の 2 乗が，x に 3 をたして 10 倍した数よりも 5 大きいから

$$(x-4)^2 = 10(x+3)+5$$　← 等しい数量を見つけて，方程式をつくる

$$x^2-8x+16 = 10x+35$$

$$x^2-18x-19 = 0$$　　　　← 方程式を解く

$$(x+1)(x-19) = 0$$

よって　　$x = -1,\ 19$

x は自然数であるから，$x=-1$ はこの問題には適さない。　　← 解が実際の問題に適しているか確かめる

$x=19$ は問題に適している。

答 19

注意 方程式のすべての解が，問題の答えとして適するとは限らないため，例題 6 のように，必ず確かめる。

練習 17 ある自然数に 3 をたして 5 倍した数が，もとの自然数から 3 をひいた数の 2 乗よりも 6 小さくなるとき，もとの自然数を求めなさい。

例題 7 横の長さが縦の長さの 2 倍である
長方形の紙がある。その四隅から
1 辺 2 cm の正方形を切り取って
折り曲げ，ふたのない直方体の箱
を作った。箱の容積が 96 cm³ であるとき，もとの紙の縦，横の
長さをそれぞれ求めなさい。

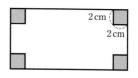

解答 もとの紙の縦の長さを x cm
とすると，横の長さは $2x$ cm
と表される。

折り曲げてできる直方体の底面は，

$$縦\,(x-4)\,\text{cm}, \quad 横\,(2x-4)\,\text{cm}$$

の長方形で，$x-4>0,\ 2x-4>0$ であるから $x>4$

箱の容積について

$$2(x-4)(2x-4)=96$$
$$4(x-4)(x-2)=96$$
$$(x-4)(x-2)=24$$
$$x^2-6x-16=0$$
$$(x+2)(x-8)=0$$

$(2x-4)$ の共通な因数
2 を外にくくり出す

よって $x=-2,\ 8$

$x>4$ であるから，$x=-2$ はこの問題には適さない。

$x=8$ は問題に適している。

答 縦の長さは 8 cm，横の長さは 16 cm

練習 18 長さが 10 cm の線分を大小 2 つに分けて，それぞれの長さを 1 辺
とする正方形を考える。2 つの正方形の面積の和が 60 cm² であるとき，大
きい正方形の 1 辺の長さを求めなさい。

第3章

例題 **8**	右の図のような直角三角形 ABC において，点PはAを出発して，辺 AB 上を毎秒 1 cm の速さでBまで動く。また，点Qは点Pと同

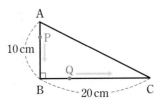

時にBを出発して，辺 BC 上を毎秒 2 cm の速さでCまで動く。△PBQ の面積が 21 cm² になるのは，点PがAを出発してから何秒後か答えなさい。

解答 点PがAを出発してから x 秒後の線分 PB，BQ の長さは

$$PB = 10 - x\ (cm), \qquad BQ = 2x\ (cm)$$

ここで，点Pは辺 AB 上，点Qは辺 BC 上にあるから

$$0 \leqq 10 - x \leqq 10,\ 0 \leqq 2x \leqq 20$$

よって $0 \leqq x \leqq 10$

△PBQ の面積について

$$\frac{1}{2} \times (10 - x) \times 2x = 21$$

$$x(10 - x) = 21$$

$$x^2 - 10x + 21 = 0$$

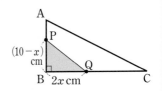

これを解くと $x = 3,\ 7$

$0 < x < 10$ であるから，これらは，ともに問題に適している。

└─ △PBQ であるから，
$x = 0$，$x = 10$ は含まない

答 3 秒後と 7 秒後

練習 19 右の図のような長方形 ABCD において，点PはAを出発して，辺 AB 上を毎秒 2 cm の速さでBまで動く。また，点Qは点Pと同時にBを出発して，辺 BC 上を毎秒 1 cm の速さでCまで動く。△PBQ の面積が 18 cm² になるのは，点PがAを出発してから何秒後か答えなさい。

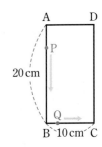

1 次の 2 次方程式を解きなさい。

(1) $x^2 = 144$

(2) $3x^2 = 108$

(3) $t^2 - 4t - 21 = 0$

(4) $4x^2 - 39x + 27 = 0$

(5) $3x^2 - 24x + 45 = 0$

(6) $x^2 + 9 = -6x$

(7) $(x-3)^2 = 100$

(8) $(2p+5)^2 = 16$

(9) $-x^2 + x + 7 = 0$

(10) $x^2 + 5x + 2 = 0$

(11) $a^2 + 4a - 1 = 0$

(12) $2x^2 - 14x - 49 = 0$

(13) $(x+4)(x-4) = 6x$

(14) $x(x-4) = 12 - 5x$

(15) $x(3x+2) = x^2 - 4x$

(16) $3(x+1)(x-2) = 2(x^2-2)$

2 x の方程式 $a + 4x = 6ax$ の解が $x = \dfrac{1}{3}a$ であるとき, a の値を求めなさい。

3 次の 2 次方程式の実数解の個数を求めなさい。

(1) $x^2 + 6x + 1 = 0$

(2) $2x^2 - 3x + 5 = 0$

4 ある正の整数 x に 4 をたして 2 乗するところを, 誤って x に 2 をたして 4 倍してしまったので, 正しい答えより 53 小さくなった。正の整数 x を求めなさい。

5 高さが底辺より 3 cm 長い三角形の面積が 20 cm² であるとき, 底辺の長さを求めなさい。

6 周囲の長さが 40 cm の長方形がある。この長方形の縦, 横の長さをそれぞれ 1 辺の長さとする 2 つの正方形の面積の和がこの長方形の面積の 2 倍よりも 16 cm² 大きいという。この長方形の面積を求めなさい。

第 3 章

1 次の 2 次方程式を解きなさい。

(1) $\dfrac{1}{6}x^2-\dfrac{1}{2}(x-1)-\dfrac{1}{3}=0$　　　(2) $\dfrac{2x-1}{3}-\left(\dfrac{x+1}{3}\right)^2=-1$

(3) $1.5x(2-0.5x)-0.25(x+4)=0.25x+1$

(4) $2(x-\sqrt{3}\,)^2-3(x-\sqrt{3}\,)-2=0$

2 2 次方程式 $x^2-4x+4=0$ の解が，x の 2 次方程式

$$3x^2+ax-24=0 \quad \cdots\cdots ①$$

の解の 1 つであるとき，a の値と方程式 ① のもう 1 つの解を求めなさい。

3 x の 2 次方程式 $x^2+ax+b=0$ の 2 つの解にそれぞれ 2 を加えた数が，
2 次方程式 $x^2-6x-16=0$ の解になるとき，a, b の値を求めなさい。

4 2 次方程式 $x^2-2x-1=0$ の 2 つの解のうち，大きい方を a とする。
このとき，$2a^2-3a+1$ の値を求めなさい。

5 連続する 3 つの自然数がある。小さい方の 2 数の積が，最も大きい数より
79 大きくなるとき，これら 3 つの自然数を求めなさい。

6 (縦の長さ)：(横の長さ)=1：4 の長方形がある。縦の長さを 1 cm，横
の長さを 3 cm 長くすると面積は 25 % 増えた。もとの長方形の縦の長
さを求めなさい。

7 縦 20 m，横 30 m の長方形の土地がある。右
の図のように，道幅が同じで互いに垂直な道
を 2 本作り，残りの土地を花だんとしたとこ
ろ，花だんの面積が 336 m² となった。道幅
は何mであるか答えなさい。

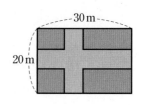

8 2次方程式 $x^2-6x+4=0$ の2つの解を a, b とするとき，$(a^2-6a)(b^2-6b+1)$ の値を求めなさい。

9 x の2次方程式 $x^2-2x+m=0$ …… ① について，次の問いに答えなさい。

(1) ① が異なる2つの実数解をもつような m の値の範囲を求めなさい。

(2) ① がただ1つの実数解をもつような m の値を求めなさい。

10 20% の食塩水 100g が入っている容器Aがある。容器Aの中の食塩水に対して，次の操作を続けて行う。

「x g の食塩水を取り出し，代わりに x g の水を入れ，よくかき混ぜる」

(1) 1回目の操作が終わったとき，容器Aの食塩水に含まれる食塩の量を x を用いて表しなさい。

(2) この操作を2回行ったあとの食塩水の濃度は5% になった。x の値を求めなさい。

11 右の図において，点 A，E は直線 $y=ax+2$ $(a>0)$ 上の点であり，点 B，C，G は x 軸上の点である。四角形 ABCD，ECGF はともに正方形で，点 B の x 座標は2である。

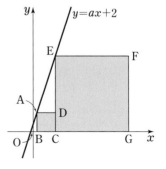

(1) 点Eの x 座標を a で表しなさい。

(2) 点Gの x 座標が 42 であるとき，a の値を求めなさい。

平方完成

70 ページでは，$x^2+px+q=0$ の形の 2 次方程式を $(x+m)^2=n$ の形に変形して，2 次方程式を解きました。

先生

> 70 ページで学んだ解き方で，2 次方程式
> $x^2+4x+2=0$ を解いてみましょう。

けいこさん

> まず，2 を右辺に移項して　$x^2+4x=-2$
> 次に，$(x+m)^2=n$ の形に変形するために，両辺に x の係数の半分の 2 乗をたして
> $$x^2+4x+2^2=-2+2^2$$
> そうすると，$(x+2)^2=2$ という式に変形できるから，その後は，平方根の考え方を利用すると求めることができます。

> その通りです！では，今度は，2 を右辺に移項した後の左辺の式 x^2+4x に注目してみましょう。先ほど，けいこさんは，左辺を $(x+2)^2$ という形に変形するために，x^2+4x に，x の係数の半分の 2 乗をたしていましたが，どうしてですか？

> $(x+2)^2$ を展開すると，
> $$(x+2)^2=x^2+2\times2\times x\underline{+2^2}$$
> $$=x^2+4x\underline{+4}$$
> となり，$(x+2)^2$ は x^2+4x に 4 つまり 2^2 をたしたものだからです。

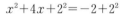

そうですね。
では，いいかえると，x^2+4x はどのようなものといえますか？

たいちさん

$(x+2)^2=x^2+4x+4$ だから，4 を移項すると
$$x^2+4x=(x+2)^2-4$$
となります。
ですから，x^2+4x は $(x+2)^2$ から 4 つまり 2^2 をひいたものといえます。

その通りです。
たいちさんが導いたように，x^2+4x は
$$x^2+4x=(x+2)^2-4$$
と変形することができます。
このように，ax^2+bx+c の形の 2 次式を
$a(x+\square)^2+\bigcirc$ の形の 2 次式に変形することを
平方完成 といいます。

70 ページで学んだ式の変形と平方完成は，深く関係しているのですね。

平方完成は，少し先で詳しく学びます。
この先，数学を学ぶ上でよく使うので，覚えておきましょう。
練習として，x^2-6x や x^2+5x+4 を平方完成してみましょう。

第 3 章

関数 $y = ax^2$

> ある鉄球を「水平な面の上で転がす場合」と「斜面にそって転がす場合」について，鉄球が転がる時間と転がる距離の関係を調べてみましょう。

まず，鉄球を水平な面の上で一定の速さで転がします。

鉄球がある地点を通過してから x 秒間に，鉄球が転がる距離を y m とすると，x と y の関係は，次の表のようになりました。

x	0	1	2	3	4	5	6
y	0	2	4	6	8	10	12

次に，斜面にそって，ある地点から鉄球を転がします。

転がり始めてから x 秒間に，鉄球が転がる距離を y m とすると，x と y の関係は，次の表のようになりました。

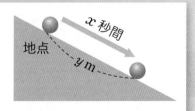

x	0	1	2	3	4	5	6
y	0	2	8	18	32	50	72

左のページの 2 つの場合について，鉄球が転がる時間と転がる距離の関係に，どのようなちがいがあるでしょうか？

↑ガリレオ・ガリレイ（1564−1642）
イタリアの物理学者，天文学者

イタリアの物理学者ガリレオ・ガリレイは，「物体が落下する距離は，落下する時間の2乗に比例する」ということを発見しました。このように，関数の考え方は，物理学などの様々な分野で活用されています。

1. 関数 $y = ax^2$

2乗に比例する関数

斜面にそって，ある地点Aから鉄球を転がした。転がり始めてから x 秒間に，鉄球が転がる距離を y m とすると，x に対応する x^2 と y の関係は，次の表のようになった。

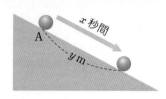

x	0	1	2	3	4	5	6
x^2	0	1	4	9	16	25	36
y	0	2	8	18	32	50	72

上の表から，x^2 の値が

2^2 倍，3^2 倍，4^2 倍，…… すなわち 4倍，9倍，16倍，……

になると，y の値も 4倍，9倍，16倍，…… になっていることがわかる。

さらに，y の値は x^2 の値の2倍であるから，y は x^2 に比例しており，次の式で表される。

$$y = 2x^2$$

2乗に比例する関数

y が x の関数で，次のような式で表されるとき，

y は x^2 に比例する という。

$$y = ax^2 \quad (a \text{ は定数}, \ a \neq 0)$$

また，この定数 a を **比例定数** という。

(1)　1辺の長さが x cm の正方形の面積を
y cm^2 とすると，$y=x^2$ となる。
よって，y は x^2 に比例する。

(2)　1辺の長さが x cm の立方体の体積を
y cm^3 とすると，$y=x^3$ となる。
よって，y は x^2 には比例しない。

練習1 次の (1)，(2) について，y を x の式で表しなさい。また，y は x^2 に比例するかどうかを答えなさい。

(1)　1辺の長さが x cm の立方体の表面積を y cm^2 とする。

(2)　半径が x cm の円の周の長さを y cm とする。ただし，円周率は π とする。

わかっている1組の x と y の値をもとにして，次のような問題を考えてみよう。

例題1 y は x^2 に比例し，$x=3$ のとき $y=36$ である。このとき，y を x の式で表しなさい。

[考え方]　y が x^2 に比例するとき，$y=ax^2$ と表すことができる。

[解答]　y は x^2 に比例するから，比例定数を a とすると，$y=ax^2$ と表すことができる。

$x=3$ のとき $y=36$ であるから

$$36 = a \times 3^2$$
$$a = 4$$

よって　　　　　　 $y = 4x^2$ 　[答]

練習2 y は x^2 に比例し，$x=-4$ のとき $y=-8$ である。

(1)　y を x の式で表しなさい。

(2)　$x=2$ のときの y の値を求めなさい。

2. 関数 $y=ax^2$ のグラフ

関数 $y=x^2$ のグラフ

関数 $y=x^2$ をグラフに表してみよう。

$y=x^2$ について，対応する x，y の値は下の表のようになる。

x	$\cdots$	-3	-2	-1	0	1	2	3	$\cdots$
y	$\cdots$	9	4	1	0	1	4	9	$\cdots$

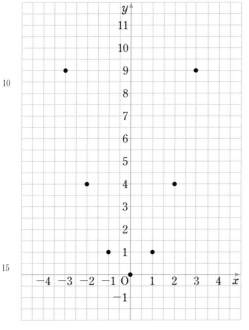

　上の表の x，y の値の組を座標とする点を，座標平面にとると，左の図のようになる。

　それぞれの点から，1次関数のグラフとは異なり，関数 $y=x^2$ のグラフは直線ではないことがわかる。

練習 3 ▶ 関数 $y=x^2$ について，下の表を完成させ，x，y の値の組を座標とする点を左の図にかき入れなさい。

x	-3	-2.5	-2	-1.5	-1	-0.5	0	0.5	1	1.5	2	2.5	3
y	9		4		1		0		1		4		9

関数 $y=x^2$ について，原点の近くのグラフの様子を，詳しく調べてみよう。

練習 4 関数 $y=x^2$ について，x の値を -1 から 1 までの間で 0.1 おきにとり，対応する y の値を求め，下の表を完成させなさい。また，x，y の値の組を座標とする点を右の図にかき入れなさい。

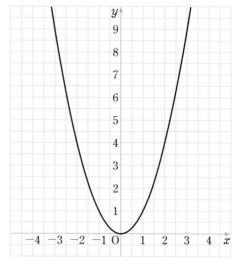

x	-1	-0.9	-0.8	-0.7	-0.6	-0.5	-0.4	-0.3	-0.2	-0.1
y	1									

0	0.1	0.2	0.3	0.4	0.5	0.6	0.7	0.8	0.9	1
0										1

さらに，x の値の間隔を細かくすると，関数 $y=x^2$ のグラフは，右の図のような曲線になることがわかる。

この曲線は，

原点を通り，

y 軸に関して対称

である。

関数 $y=x^2$ のグラフ

$a>0$ のときの関数 $y=ax^2$ のグラフ

関数 $y=x^2$ と $y=2x^2$ について,x の値に対応する x^2 と $2x^2$ の値の関係は下の表のようになる。

x	$\cdots$	-3	-2	-1	0	1	2	3	$\cdots$
x^2	$\cdots$	9	4	1	0	1	4	9	$\cdots$
$2x^2$	$\cdots$	18	8	2	0	2	8	18	$\cdots$

上の表をもとに,関数 $y=x^2$ と $y=2x^2$ のグラフをかくと,下の図のようになる。この2つのグラフを比べてみよう。

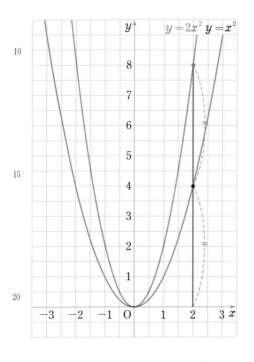

左の図からわかるように,ある x の値に対応する $2x^2$ の値は,同じ x の値に対応する x^2 の値の2倍である。

一般に,$a>0$ のとき,$y=ax^2$ のグラフは,$y=x^2$ のグラフ上の各点について,y 座標を a 倍にした点の集まりである。

また,関数 $y=ax^2$ は,$a>0$ のとき,x の値が増加すると,y の値は

$x<0$ の範囲で減少し,

$x>0$ の範囲で増加する。

練習 5 ▶ 関数 $y=\dfrac{1}{2}x^2$ のグラフを,上の図にかき入れなさい。

$a < 0$ のときの関数 $y = ax^2$ のグラフ

関数 $y = x^2$ と $y = -x^2$ について，x の値に対応する x^2 と $-x^2$ の値の関係は下の表のようになる。

x	$\cdots$	-3	-2	-1	0	1	2	3	$\cdots$
x^2	$\cdots$	9	4	1	0	1	4	9	$\cdots$
$-x^2$	$\cdots$	-9	-4	-1	0	-1	-4	-9	$\cdots$

上の表をもとに，関数 $y = x^2$ と $y = -x^2$ のグラフをかくと，下の図のようになる。この2つのグラフを比べてみよう。

右の図からわかるように，ある x の値に対応する $-x^2$ の値は，同じ x の値に対応する x^2 の値と絶対値が等しく，符号が反対である。

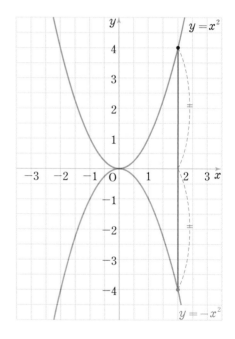

一般に，$y = ax^2$ のグラフは，$y = -ax^2$ のグラフ上の各点と，x 軸に関して対称な点の集まりである。$^{(*)}$

また，関数 $y = ax^2$ は，$a < 0$ のとき，x の値が増加すると，y の値は

$x < 0$ の範囲で増加し，

$x > 0$ の範囲で減少する。

注 意 （＊）　原点に関して対称な点の集まりでもある。

練習 6 関数 $y = -\dfrac{1}{2}x^2$ のグラフを，上の図にかき入れなさい。

第4章

関数 $y=ax^2$ のグラフの特徴

関数 $y=ax^2$ のグラフには，次のような特徴がある。

[1]　原点を通り，y 軸に関して対称な曲線である。

[2]　$a>0$ のとき，上に開いた形をしている。

　　　$a<0$ のとき，下に開いた形をしている。

[3]　a の絶対値が大きいほど，グラフの開きぐあいは小さくなる。

[4]　2つの関数 $y=ax^2$ と $y=-ax^2$ のグラフは，x 軸に関して
　　　対称である。

関数 $y=ax^2$ のグラフの形の曲線を **放物線**
という。放物線は左右に限りなく伸びており，対
称の軸をもつ。この軸を，放物線の **軸** といい，
放物線とその軸の交点を，放物線の **頂点** という。

注意　関数 $y=ax^2$ のグラフのことを **放物線 $y=ax^2$** ということがある。

上に開いた形の放物線は **下に凸** で
あるといい，下に開いた形の放物線は
上に凸 であるという。

練習 7 ▶ 次の放物線のうち，下に凸であるもの，上に凸であるものをそれぞ
れ答えなさい。また，グラフの開きぐあいが最も大きいものを答えなさい。

①　$y=2x^2$　　　　　②　$y=-x^2$　　　　　③　$y=\dfrac{1}{3}x^2$

④　$y=-\dfrac{1}{2}x^2$　　　⑤　$y=x^2$　　　　　⑥　$y=-3x^2$

3. 関数 $y=ax^2$ の値の変化

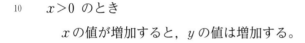
関数 $y=ax^2$ の値の変化

関数 $y=x^2$ と $y=-x^2$ の値の変化を考えてみよう。

関数 $y=x^2$ について

5　$x<0$ のとき

　　x の値が増加すると，y の値は減少する。

　$x=0$ のとき

　　$y=0$ となり，$x=0$ の前後で減少から

　　増加に変わる。

10　$x>0$ のとき

　　x の値が増加すると，y の値は増加する。

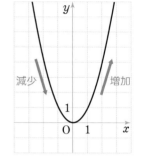

関数 $y=-x^2$ について

　$x<0$ のとき

　　x の値が増加すると，y の値は増加する。

15　$x=0$ のとき

　　$y=0$ となり，$x=0$ の前後で増加から

　　減少に変わる。

　$x>0$ のとき

　　x の値が増加すると，y の値は減少する。

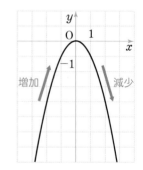

第4章

20　関数のとる値のうち，最も大きいものを **最大値**，最も小さいものを

最小値 という。

練習 8 ▶ 次の値を求めなさい。

(1) 関数 $y=x^2$ の最小値　　　(2) 関数 $y=-x^2$ の最大値

すでに学んだように，y が x の関数であるとき，x のとりうる値の範囲を定義域といい，定義域の x の値に対応する y のとりうる値の範囲を値域という。ここでは，定義域が制限されている関数について考えてみよう。

例題2 関数 $y=x^2$ において，次のような定義域に対する値域を求めなさい。

(1) $1 \leqq x \leqq 2$ (2) $-\dfrac{3}{2} \leqq x \leqq 1$

解答 (1) $x=1$ のとき $y=1^2=1$

$x=2$ のとき $y=2^2=4$

よって，グラフは，右の図の実線部分である。

したがって，求める値域は

$$1 \leqq y \leqq 4 \quad \boxed{答}$$

(2) $x=-\dfrac{3}{2}$ のとき $y=\left(-\dfrac{3}{2}\right)^2=\dfrac{9}{4}$

$x=1$ のとき $y=1^2=1$

よって，グラフは，右の図の実線部分である。

したがって，求める値域は

$$0 \leqq y \leqq \dfrac{9}{4} \quad \boxed{答}$$

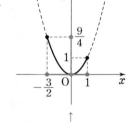

↑
定義域の両端と
頂点に着目する

練習9 関数 $y=-\dfrac{1}{2}x^2$ において，次のような定義域に対する値域と最大値，最小値を求めなさい。

(1) $-2 \leqq x \leqq -1$ (2) $-1 \leqq x \leqq \dfrac{3}{2}$ (3) $-2 \leqq x \leqq 2$

■ 関数 $y=ax^2$ の変化の割合

すでに学んだように，1次関数 $y=ax+b$ の変化の割合について，次のことが成り立つ。

1次関数 $y=ax+b$ の変化の割合は常に一定で，

$y=ax+b$ のグラフの傾き a と等しい。

変化の割合は $\dfrac{y\text{の増加量}}{x\text{の増加量}}$ で表される。これは，関数のグラフ上の2点を結ぶ線分の傾きと考えることができる。

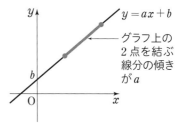

1次関数のグラフは直線であるから，グラフ上の2点を結ぶ線分は，常に傾きが等しくなる。このことから，1次関数 $y=ax+b$ の変化の割合は，常に a であることがわかる。

次に，関数 $y=ax^2$ の変化の割合について考えてみよう。

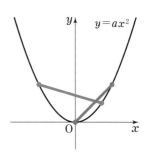

右の図からわかるように，関数 $y=ax^2$ のグラフ上の2点を結ぶ線分の傾きは一定ではない。このことから，関数 $y=ax^2$ の変化の割合について，次のことが成り立つ。

関数 $y=ax^2$ の変化の割合は一定ではない。

関数 $y=ax^2$ の変化の割合を求めてみよう。

例題 3 関数 $y=2x^2$ について，x の値が次のように増加するときの変化の割合を求めなさい。

(1) -1 から 2 まで　　(2) -2 から 0 まで

解答 (1) $x=-1$ のとき

$$y=2\times(-1)^2=2$$

$x=2$ のとき　$y=2\times2^2=8$

よって，変化の割合は

$$\frac{8-2}{2-(-1)}=2 \quad \boxed{答}$$

(2) $x=-2$ のとき

$$y=2\times(-2)^2=8$$

$x=0$ のとき　$y=2\times0^2=0$

よって，変化の割合は

$$\frac{0-8}{0-(-2)}=-4 \quad \boxed{答}$$

練習 10 関数 $y=-2x^2$ について，x の値が次のように増加するときの変化の割合を求めなさい。

(1) 1 から 4 まで　　(2) -2 から 3 まで　　(3) -4 から 4 まで

練習 11 関数 $y=3x^2$ について，x の値が -1 から a まで増加するときの変化の割合が次の値になるような，定数 a の値を求めなさい。

ただし，$a>-1$ とする。

(1) 12 (2) -3

1次関数 $y=ax+b$ と，関数 $y=ax^2$ の特徴を比べてみよう。

	1次関数 $y=ax+b$	関数 $y=ax^2$
グラフの形	直線	放物線
$a>0$ のときの グラフ	 常に増加 （右上がりの直線）	 $x<0$ のとき 減少　　$x>0$ のとき 増加 （下に凸の放物線）
$a<0$ のときの グラフ	 常に減少 （右下がりの直線）	 $x<0$ のとき 増加　　$x>0$ のとき 減少 （上に凸の放物線）
変化の割合	常に一定で a に等しい	一定ではない

第4章

4. 関数 $y=ax^2$ の利用

関数 $y=ax^2$ の利用

 例題 4 時速 40 km で走っている車がブレーキをかけたところ，止まるまでに 10 m 進んだ。車が時速 x km で走っているとき，ブレーキが効き始めてから車が止まるまでに進む距離を y m とすると，y は x^2 に比例するという。次の問いに答えなさい。

(1) y を x の式で表しなさい。

(2) 時速 60 km で走っている車がブレーキをかけたとき，止まるまでに何 m 進むか求めなさい。

解答 (1) y は x^2 に比例するから，比例定数を a とすると，$y=ax^2$ と表すことができる。$x=40$ のとき $y=10$ であるから $\qquad 10=a\times 40^2$

$$a=\frac{1}{160}$$

よって $\qquad y=\dfrac{1}{160}x^2$ 答

(2) $y=\dfrac{1}{160}x^2$ に $x=60$ を代入すると

$$y=\frac{1}{160}\times 60^2=22.5$$

よって，車が止まるまでに進む距離は　22.5 m 答

練習 12 長さ 9 m のふりこが左右に 1 往復するのに 6 秒かかった。ふりこが 1 往復するのにかかる時間を x 秒，ふりこの長さを y m とすると，y は x^2 に比例するという。y を x の式で表しなさい。

9 m

6秒

放物線と座標

放物線と座標について考えてみよう。

例題 5
2つの放物線 $y=x^2$, $y=2x^2$ と，点 A$(2, 0)$ を考える。
点Aを通り y 軸に平行な直線と放物線 $y=x^2$ との交点をB，
点Bを通り x 軸に平行な直線と放物線 $y=2x^2$ との交点のうち，
x 座標が正であるものをCとする。点Cの座標を求めなさい。

解答 点Bの x 座標は 2 である。

よって，点Bの y 座標は

$$y=2^2=4$$

点Cの y 座標は，点Bの
y 座標と等しいから 4 で
ある。

よって，点Cの x 座標は

$$4=2x^2$$

$$x=\pm\sqrt{2}$$

点Cの x 座標は正であるから $x=\sqrt{2}$

したがって，点Cの座標は $(\sqrt{2}, 4)$ **答**

練習 13 2つの放物線 $y=-x^2$, $y=-\dfrac{1}{3}x^2$ と，点 A$(-1, 0)$ を考える。

点Aを通り y 軸に平行な直線と放物線 $y=-x^2$ との交点をB，点Bを通り

x 軸に平行な直線と放物線 $y=-\dfrac{1}{3}x^2$ との交点のうち，x 座標が負である

ものをCとする。点Cの座標を求めなさい。

放物線と直線

　右の図は，2つの関数 $y=x^2$，$y=x+2$ のグラフである。

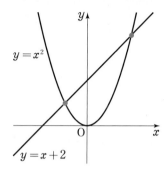

　図から，これらのグラフは，2つの共有点をもつことがわかる。この2つの共有点の座標を求めてみよう。

　共有点の座標は，次の2つの式を同時に満たす。

$$\begin{cases} y=x^2 \\ y=x+2 \end{cases}$$

すなわち，共有点の x 座標，y 座標は，この連立方程式の解となる。

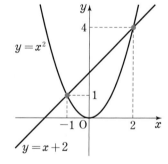

　y を消去して　$x^2=x+2$

$$x^2-x-2=0$$

$$(x+1)(x-2)=0$$

　よって　　　　　$x=-1,\ 2$

　　$x=-1$ のとき $y=1$,

　　$x=2$ 　のとき $y=4$

であるから，共有点の座標は　　$(-1,\ 1),\ (2,\ 4)$

　2つの関数 $y=x^2$，$y=x+2$ のグラフの共有点の x 座標は，2次方程式 $x^2=x+2$ の解である。

練習 14 ▶ 次の2つの関数のグラフについて，共有点の座標を求めなさい。

(1) $y=x^2$，$y=x+6$　　　　　　(2) $y=2x^2$，$y=2x$

(3) $y=-\dfrac{1}{2}x^2$，$y=-x-4$　　(4) $y=x^2$，$y=2x-1$

例題 6 放物線 $y=x^2$ と直線 $y=-x+6$ の共有点のうち，x 座標が小さい方の点をAとする。

直線 $y=-x+6$ と x 軸との交点をBとするとき，△OAB の面積を求めなさい。

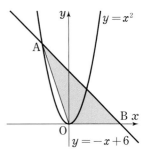

解答 放物線 $y=x^2$ と直線 $y=-x+6$ の共有点の x 座標は，2 次方程式 $x^2=-x+6$ の解である。

これを解くと $\qquad x^2+x-6=0$

$\qquad\qquad\qquad (x+3)(x-2)=0$

よって $\qquad\qquad x=-3,\ 2$

$x=-3$ のとき $y=9$ であるから，点Aの座標は $(-3,\ 9)$

点Bの x 座標は，$y=-x+6$ に $y=0$ を代入して

$\qquad\qquad\qquad 0=-x+6$

$\qquad\qquad\qquad x=6$

よって，点Bの座標は $(6,\ 0)$

したがって $\qquad \triangle\mathrm{OAB}=\dfrac{1}{2}\times6\times9=27$ **答**

練習 15 例題 6 において，直線 $y=-x+6$ と y 軸との交点をC，放物線 $y=x^2$ と直線 $y=-x+6$ の共有点のうち，x 座標が大きい方の点をDとする。このとき，次の三角形の面積を求めなさい。

(1) △OAC 　　　　　　　　 (2) △OAD

練習 16 放物線 $y=2x^2$ と直線 $y=x+3$ の共有点のうち，x 座標が小さい方の点を A，もう 1 つの共有点をBとする。このとき，△OAB の面積を求めなさい。

第4章

例題 **7** 右の図のように，放物線 $y=x^2$ と直線 ℓ が 2 点 A，B で交わっており，A，B の x 座標は，それぞれ -1，2 である。また，放物線 $y=x^2$ 上に点 C があり，B と C は y 軸に関して対称である。

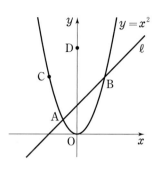

(1) 直線 ℓ の式を求めなさい。

(2) $\triangle ABC = \triangle ABD$ となる点 D を，y 軸上で直線 ℓ より上側にとる。このとき，点 D の座標を求めなさい。

考え方 (2) 等積変形の考え方を利用する。辺 AB を共通の底辺として高さが等しくなるような点 D の座標を求める。

解答 (1) 2 点 A，B は放物線 $y=x^2$ 上の点であるから

$$x=-1 \text{ のとき } y=(-1)^2=1$$
$$x=2 \text{ のとき } y=2^2=4$$

よって A$(-1, 1)$, B$(2, 4)$

直線 ℓ の式を $y=ax+b$ とおくと，直線 ℓ は 2 点 A，B を通るから $\qquad 1=-a+b, \quad 4=2a+b$

これを解くと $\qquad a=1, b=2$

したがって，直線 ℓ の式は $\quad y=x+2$ 答

(2) B と C は y 軸に関して対称であるから C$(-2, 4)$

$\triangle ABC = \triangle ABD$ となるのは，共通の辺 AB を底辺として，高さが等しくなるときである。

よって，点 D は，点 C を通り，直線 ℓ に平行な直線と y 軸との交点である。

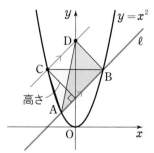

---

(1)より，直線 ℓ の傾きは1であるから，直線 ℓ に平行な
直線の式は $y=x+k$ とおける。
この直線が点Cを通るとき
$$4=-2+k$$
$$k=6$$
よって，直線 ℓ に平行な直線の式は $y=x+6$ である。
したがって，点Dの座標は $(0, 6)$ 　答

練習 17 ▶ 右の図のように，放物線 $y=-\dfrac{1}{3}x^2$

上に2点A，Bがあり，A，Bの x 座標はそれ
ぞれ -3, 6 である。$\triangle OAB=\triangle OCB$ となる
点Cを，y 軸上で y 座標が負になるところに
とる。このとき，点Cの座標を求めなさい。

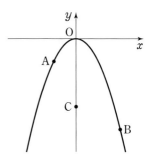

　座標平面上の三角形の面積を2等分する直線につ
いては，すでに学んでいる。
　点Oを通り，$\triangle OAB$ の面積を2等分する直線は，
辺ABの中点Mを通る。

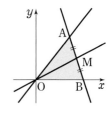

練習 18 ▶ 右の図のように，放物線 $y=\dfrac{1}{2}x^2$ 上

に2点A，Bがあり，A，Bの x 座標はそれぞ
れ -4, 6 である。このとき，原点Oを通り，
$\triangle OAB$ の面積を2等分する直線の式を求め
なさい。

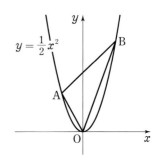

例題 8 右の図で，① は関数 $y = ax^2$ $(a > 0)$，② は関数 $y = -\dfrac{1}{2}x^2$ のグラフである。点 P$(3, 0)$ を通り y 軸に平行な直線と ①，② のグラフが交わる点を，それぞれ A，B とする。

さらに，点 C$(0, 6)$ をとるとき，

四角形 OBAC が平行四辺形となるような a の値を求めなさい。

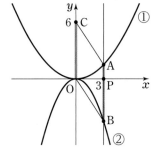

解答 直線 AB は y 軸に平行であるから AB∥CO

よって，四角形 OBAC が平行四辺形となるのは，AB＝CO となるときである。

点Aの y 座標は $y = a \times 3^2 = 9a$

点Bの y 座標は $y = -\dfrac{1}{2} \times 3^2 = -\dfrac{9}{2}$

よって AB $= 9a - \left(-\dfrac{9}{2}\right) = 9a + \dfrac{9}{2}$

CO $= 6$ であるから $9a + \dfrac{9}{2} = 6$

これを解くと $a = \dfrac{1}{6}$ **答**

練習 19 右の図で，点Aの座標は $(1, 0)$ である。点Pを放物線 $y = x^2$ 上のOとB$(1, 1)$ の間にとり，点Qを x 軸上のOとAの間にとる。

さらに，点Rを線分 AB 上にとり，四角形 PQAR が正方形になるようにする。このとき，点Pの x 座標を求めなさい。

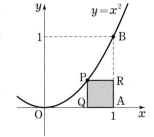

5. いろいろな関数

　ここでは，これまでに学んできた関数 $y=ax+b$，$y=ax^2$ とは異なる形の関数について考えてみよう。

例 2　ある鉄道会社では，電車に乗る距離 x km と運賃 y 円の関係を，下の表のように定めている。

距離 x (km)	～4	～7	～10	～15	～20
運賃 y (円)	140	160	190	240	300

　この表から，x と y の関係は

$0<x\leqq4$　　のとき $y=140$

$4<x\leqq7$　　のとき $y=160$

$7<x\leqq10$　のとき $y=190$

$10<x\leqq15$　のとき $y=240$

$15<x\leqq20$　のとき $y=300$

となっていることがわかる。

これをグラフに表すと，右の図のようになる。

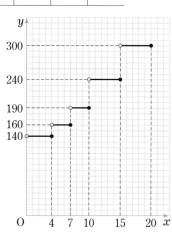

注意　上の図の中の○はグラフが線の端を含まないことを表し，●はグラフが線の端を含むことを表している。

練習 20　実数 x に対し，x 以下の整数の中で最大のものを y とする。

(1)　$x=0.5$，$x=1$ のとき，y の値をそれぞれ求めなさい。

(2)　$0\leqq x\leqq4$ の範囲で，x と y の関係をグラフに表しなさい。

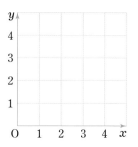

第4章

前のページの例2のように，いくつかの関数が組み合わさった場合には，定義域ごとの関数のグラフを1つの図にかけばよい。

関数 $y=\begin{cases} x+2 & (x<-1) \\ x^2 & (-1\leqq x) \end{cases}$

のグラフは

5 　　直線 $y=x+2$ のうち

　　　　$x<-1$ の部分

　　放物線 $y=x^2$ のうち

　　　　$-1\leqq x$ の部分

を1つの図にかいたものである。

10 　　よって，グラフは上の図の実線部分である。

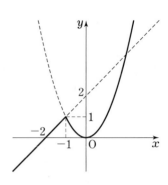

定義域が3つ以上に分けられた場合でも，例3と同じ考え方でグラフをかくことができる。

練習 21 次の関数のグラフをかきなさい。

(1) $y=\begin{cases} -x & (x<0) \\ x^2 & (0\leqq x) \end{cases}$

(2) $y=\begin{cases} -2x-1 & (x<-1) \\ x^2 & (-1\leqq x<1) \\ 1 & (1\leqq x) \end{cases}$

15 　　例3では，関数の式が変わるところでグラフはつながっているが，前のページの例2のようにグラフがつながらない場合もある。

練習 22 関数 $y=\begin{cases} x+2 & (x<0) \\ 2x^2 & (0\leqq x<1) \\ -2x+4 & (1\leqq x) \end{cases}$ のグラフをかきなさい。

1 y は x^2 に比例する関数であり，下の表は，対応する x, y の値の一部を表したものである。(ア)〜(ウ)にあてはまる数をそれぞれ求めなさい。ただし，(ウ)にあてはまる数は正であるものとする。

x	-2	-1	0	2	(ウ)
y	-10	(ア)	0	(イ)	-40

2 関数 $y = 2x^2$ について，次の問いに答えなさい。

(1) x の値が 1 から 3 まで増加するときの変化の割合を求めなさい。

(2) 定義域が $-1 < x \leqq \dfrac{3}{2}$ のとき，最大値と最小値を求めなさい。

3 n は整数とする。関数 $y = x^2$ について，定義域を $n \leqq x \leqq 2$ とするとき，値域が $0 \leqq y \leqq 4$ となるような n の値をすべて求めなさい。

4 関数 $y = ax^2$ について，x の値が -1 から 3 まで増加するときの変化の割合が -6 となる。このとき，定数 a の値を求めなさい。

5 右の図のように，放物線 $y = ax^2$ と直線が点 A$(-4, 8)$, B$(2, 2)$ で交わっている。直線 AB と y 軸との交点を C とする。このとき，次のものを求めなさい。

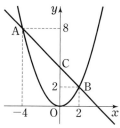

(1) a の値　　　(2) 直線 AB の式

(3) △AOC の面積　　(4) △OAB の面積

(5) 点 A を通り，△AOC の面積を 2 等分する直線の式

1 定義域が $-1 \leqq x \leqq 2$ である 2 つの関数 $y=x^2$, $y=ax+b$ $(a>0)$ の値域が一致するような，定数 a, b の値を求めなさい。

2 関数 $y=x^2$ について，x の値が a から $a+2$ まで増加するときの変化の割合は 4 である。このとき，a の値を求めなさい。

3 右の図は，関数 $y=x^2$ のグラフである。このグラフ上に点 A があり，x 座標は -3 である。また，x 軸上に点 B$(-6,\ 0)$ がある。このとき，次の問いに答えなさい。

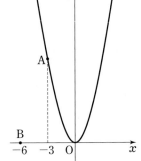

(1) x 座標が 4 である点 C を関数 $y=x^2$ のグラフ上にとる。このとき，△OCB の面積を求めなさい。

(2) △OPB の面積が，△OAB の面積の 2 倍になるような点 P を関数 $y=x^2$ のグラフ上にとる。このとき，P の x 座標をすべて求めなさい。

4 右の図のように，放物線 $y=4x^2$ 上に点 A，放物線 $y=x^2$ 上に 2 点 B，D をとり，四角形 ABCD が長方形となるように点 C を定める。2 点 A，B の x 座標を a とするとき，次のものを求めなさい。ただし，a は正の定数，D の x 座標は正とする。

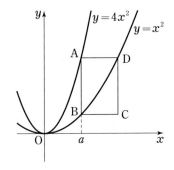

(1) 点 D の座標

(2) 四角形 ABCD の面積

(3) 四角形 ABCD が正方形となるときの a の値

5 放物線 $y=x^2$ と直線 $y=8x+m$ の共有点がただ 1 つとなるように，定数 m の値を定めなさい。

6 右の図のように，直線 ℓ が，x 軸および放物線 $y=\dfrac{1}{4}x^2$ と 3 点 A，B，C で交わっている。点 B，C の x 座標が，それぞれ -4，8 であるとき，次の問いに答えなさい。

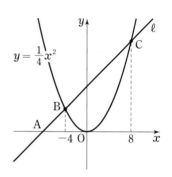

(1) 直線 ℓ の式を求めなさい。

(2) △BOC の面積を求めなさい。

(3) x 軸を回転の軸として，△AOC を 1 回転させてできる立体の体積を求めなさい。

7 AB=6 cm，BC=12 cm の長方形 ABCD がある。点 P は A を出発して，辺上を毎秒 3 cm の速さで A→B→C→D と進み，D で止まる。また，点 Q は D を出発して，辺上を毎秒 2 cm の速さで D→A→B へと進み，P が止まると同時に Q も止まる。P と Q が同時に出発して，x 秒後の △DPQ の面積を y cm² とするとき，次の問いに答えなさい。

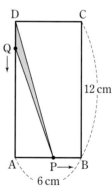

(1) y を x の式で表しなさい。また，そのグラフをかきなさい。

(2) △DPQ の面積が 9 cm² になるのは，出発してから何秒後か答えなさい。

(3) 出発してから a 秒後の △DPQ の面積が，それから 2 秒後の △DPQ の面積の 3 倍となるような a の値を求めなさい。

第5章 データの活用

ある中学校の 2 年生 30 人に，昨夜の睡眠時間に関するアンケートを行いました。その結果，次のようなデータが得られました。

6 時間 40 分	7 時間 30 分	7 時間 00 分	9 時間 40 分	8 時間 30 分
7 時間 20 分	8 時間 40 分	6 時間 20 分	7 時間 00 分	5 時間 30 分
9 時間 30 分	8 時間 00 分	7 時間 40 分	6 時間 00 分	7 時間 15 分
5 時間 50 分	7 時間 45 分	7 時間 30 分	8 時間 30 分	9 時間 00 分
7 時間 00 分	6 時間 30 分	7 時間 20 分	8 時間 20 分	7 時間 30 分
8 時間 00 分	6 時間 00 分	8 時間 15 分	7 時間 30 分	8 時間 30 分

このデータを，表にまとめたり，グラフで表したりして，30 人の睡眠時間の傾向を調べてみましょう！

データから傾向を読みとりたいときは，表やグラフを用いて，データを適切に整理する必要があります。
この章では，データを整理して，活用する方法について学びます。

↑ウィリアム・ペティ（1623–1687）
イギリスの経済学者，医師

17世紀頃，イギリスの経済学者であるウィリアム・ペティは，経済学に統計的な考えを取り入れ，『政治算術』という著書を残しました。

これにより，「統計学」は国の政治や経営に欠かせないものとして，発展してきました。

そのような功績から，ウィリアム・ペティは「統計学の創始者」とよばれています。

113

1. データの整理

度数分布とヒストグラム

次のデータは，ある中学校の2年生50人の身長である。（単位は cm）

142.7	164.7	158.8	146.2	162.9	155.1	157.3	171.8	160.6	167.8
136.4	161.3	148.3	169.1	141.2	157.8	151.3	167.5	142.6	154.0
151.5	163.8	156.9	159.9	170.8	145.1	170.3	159.7	167.0	147.3
153.8	163.1	150.9	138.5	164.2	159.3	152.0	171.5	162.2	146.9
152.4	158.4	143.5	156.2	169.6	166.3	154.7	168.4	157.5	161.8

このデータから，50人の身長の特徴を知るためには，右の表のように整理するとよい。

このように，データの値の範囲を適当に区切ったとき，各区間に含まれるデータの個数を **度数** といい，各区間にその区間の度数を対応させて整理した右のような表を **度数分布表** という。

度数分布表

階級 (cm)	度数 (人)	階級値 (cm)
135 以上 140 未満	2	137.5
140 ～ 145	4	142.5
145 ～ 150	5	147.5
150 ～ 155	8	152.5
155 ～ 160	11	157.5
160 ～ 165	9	162.5
165 ～ 170	7	167.5
170 ～ 175	4	172.5
計	50	

度数分布表において，区切られた各区間を **階級**，区間の幅を **階級の幅**，各階級の中央の値をそれぞれの階級の **階級値** という。

たとえば，右上の度数分布表において，階級の幅は 5 cm であり，階級の個数は 8 個である。また，階級 140 cm 以上 145 cm 未満の階級値は 142.5 cm，度数は 4 である。　　← 階級値は $\dfrac{140+145}{2}=142.5$ (cm)

度数分布表を，柱状のグラフで表したものを **ヒストグラム** という。前のページの度数分布表からヒストグラムをつくると，右の図のようになる。

ヒストグラムの各長方形の横の長さは階級の幅を表し，高さは各階級の度数を表している。

ヒストグラムの各長方形の上の辺の中点を結んでできる折れ線グラフを **度数折れ線** という。度数折れ線のことを，度数分布多角形ともいう。

上のヒストグラムから度数折れ線をつくると，右の図のようになる。

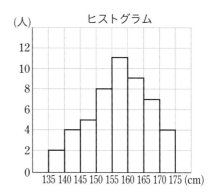

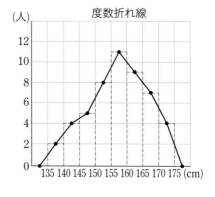

| 注 意 | 度数折れ線をつくるときは，ヒストグラムの左右の両端に度数 0 の階級があるものと考える。 |

練習 1 前のページの 50 人の身長に関するデータについて，次の問いに答えなさい。

(1) 136 cm 以上 142 cm 未満を階級の 1 つとして，どの階級の幅も 6 cm である度数分布表をつくりなさい。

(2) (1)の度数分布表で，度数が最も大きい階級の階級値を求めなさい。

(3) (1)の度数分布表をもとに，ヒストグラムと度数折れ線をつくりなさい。

(4) このページの上の図のヒストグラムと，(3)のヒストグラムを比べて，気づいたことを答えなさい。

相対度数

114 ページの中学 2 年生 50
人の身長のデータとは別に，
中学 3 年生 40 人の身長を調
べたところ，右の表のように
なった。

このとき，2 年生と 3 年生
の人数が異なるため，度数を
そのまま比べても，2 つの分
布のようすのちがいはわかり
にくい。

階級（cm）	度数（人）[2年生]	度数（人）[3年生]
135 以上 140 未満	2	0
140 ～ 145	4	0
145 ～ 150	5	2
150 ～ 155	8	2
155 ～ 160	11	10
160 ～ 165	9	12
165 ～ 170	7	8
170 ～ 175	4	6
計	50	40

度数の合計が異なる複数の分布のようすを比べる場合は，度数の合計
に対する各度数の割合で比べるとよい。この割合を，その階級の
相対度数 という。

> **相対度数**
>
> $$(相対度数) = \frac{(その階級の度数)}{(度数の合計)}$$

[注 意] 相対度数はふつう小数を使
って表す。

[練習 2] 上の度数分布表から，相
対度数の分布表をつくりたい。
右の表の(ア)〜(オ)にあてはまる
数をそれぞれ求めなさい。

階級（cm）	相対度数[2年生]	相対度数[3年生]
135 以上 140 未満	0.04	0.00
140 ～ 145	0.08	0.00
145 ～ 150	0.10	0.05
150 ～ 155	0.16	0.05
155 ～ 160	0.22	(ウ)
160 ～ 165	(ア)	0.30
165 ～ 170	0.14	(エ)
170 ～ 175	0.08	0.15
計	(イ)	(オ)

度数が右の表のようになっているとき，相対度数の合計は次のようになる。

$$0.3 + 0.2 + 0.5 = 1$$

どのような度数分布についても，相対度数の合計は，つねに 1 となる。

	度数	相対度数
	3	0.3
	2	0.2
	5	0.5
計	10	1

　前のページの練習 2 でつくった相対度数の分布表を，折れ線で表すと，3 年生の身長の分布は 2 年生の分布に比べて全体的に高い傾向にあることや，3 年生の分布は 2 年生の分布に比べて狭い範囲に集中していることを読みとることができる。

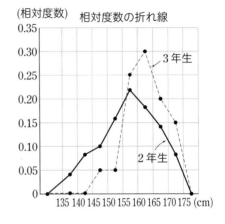

相対度数の折れ線

　相対度数を利用すると，度数の合計が異なる複数の分布について，より正確に比べることができる。

練習 3 ▶ A中学校の生徒 100 人とB中学校の生徒 200 人の通学時間を調べたところ，右の度数分布表のようになった。

　2 つの中学校の相対度数の折れ線をかきなさい。また，2 つの折れ線を比べて読みとれることを答えなさい。

階級 (分)	度数 (人) [A中学校]	度数 (人) [B中学校]
0 以上 5 未満	10	60
5 ～ 10	16	64
10 ～ 15	20	40
15 ～ 20	34	24
20 ～ 25	12	8
25 ～ 30	8	4
計	100	200

第5章

累積度数

114 ページの中学 2 年生 50 人の身長に関する度数分布表において，身長が 150 cm 未満の生徒の人数を考える。

5　150 cm 未満の生徒の人数は，135 cm 以上 150 cm 未満の各階級の度数の合計であるから

$$2+4+5=11 （人）$$

である。

度数分布表

階級 (cm)	度数 (人)
135 以上 140 未満	2
140　～　145	4
145　～　150	5
150　～　155	8
⋮	⋮
計	50

10　度数分布表において，各階級以下または各階級以上の階級の度数をたし合わせたものを **累積度数** という。

また，右の表のような累積度数を表にまとめたものを **累積度数分布表** という。

累積度数分布表

階級 (cm)	累積度数 (人)
140 未満	2
145	6
150	11
155	19
160	30
165	39
170	46
175	50

15　右の累積度数分布表をヒストグラムの形に表すと，下の図のようになる。

累積度数を折れ線グラフで表すときは，ヒストグラムの各長方形の右上の頂点を結ぶとよい。

20　注　意　ヒストグラムの左端に度数 0 の階級があるものと考える。また，度数折れ線とかき方が異なることに注意する。

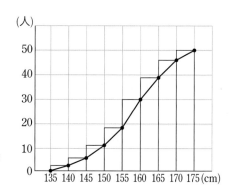

累積度数についても，度数の合計に対する各階級の累積度数の割合を考えることがある。この割合を，その階級の **累積相対度数** という。

114 ページの中学 2 年生 50 人の身長のデータについて，累積相対度数を求めて表にまとめると，次のようになる。

階級 (cm)	度数 (人)	相対度数	累積度数 (人)	累積相対度数
135 以上 140 未満	2	0.04	2	0.04
140 ～ 145	4	0.08	6	0.12
145 ～ 150	5	0.10	11	0.22
150 ～ 155	8	0.16	19	0.38
155 ～ 160	11	0.22	30	0.60
160 ～ 165	9	0.18	39	0.78
165 ～ 170	7	0.14	46	0.92
170 ～ 175	4	0.08	50	1.00
計	50	1.00		

練習 4 次の表は，京都市の過去 20 年間の降雪日数をまとめた結果である。次の問いに答えなさい。

（気象庁のホームページより）

階級 (日)	度数 (年)	相対度数	累積度数 (年)	累積相対度数
0 以上 10 未満	1	0.05	1	0.05
10 ～ 20	2	0.10	3	(ウ)
20 ～ 30	6	0.30	(ア)	(エ)
30 ～ 40	9	0.45	18	0.90
40 ～ 50	1	0.05	(イ)	0.95
50 ～ 60	1	0.05	20	(オ)
計	20	1.00		

(1) 上の表の (ア)～(オ)にあてはまる数をそれぞれ求めなさい。

(2) 降雪日数が 30 日未満である年は，過去 20 年間のうち何％か答えなさい。

2. データの代表値

小学校で学んだデータの調べ方について復習しよう。

いくつかの値が集まったデータがあるとき，そのデータ全体の特徴を表す数値を，データの **代表値** という。

5 平均値，中央値，最頻値

n 個の値が集まったデータがあるとする。

これら n 個の値の合計を個数 n でわった値を，このデータの **平均値** という。

$$(平均値) = \frac{(データの値の合計)}{(データの個数)}$$

10 平均値は，代表値としてよく用いられる。

練習 5 ▶ 次のデータは，ジョギングを日課にしているAさんが最近 5 日間に行ったジョギングの時間である。このデータの平均値を求めなさい。

23 18 35 27 42　　（単位は 分）

データを大きさの順に並べたとき，その中央の順位にくる値を

15 **中央値** または **メジアン** という。ただし，データの個数が偶数のとき，中央に 2 つの値が並ぶから，その 2 つの値の平均値を中央値とする。

練習 6 ▶ 次のデータは，あるクラスの生徒 10 人の英語のテストの得点である。このデータの中央値を求めなさい。

75 38 49 88 61 83 44 67 58 95　　（単位は 点）

20 データにおいて，最も個数の多い値を，そのデータの **最頻値** または **モード** という。データが度数分布表に整理されているときは，度数が最も大きい階級の階級値を最頻値とする。最頻値は，商品の売れ行きを表すデータなどによく用いられる代表値である。

練習 7 ▶ 119 ページの練習 4 の表について，年間の降雪日数の最頻値を求めなさい。

度数分布表を利用した平均値

度数分布表を利用したデータの平均値を求める方法を考えてみよう。

5　データが度数分布表にまとめられていて個々のデータの値がわからないとき，ある階級に含まれるデータは，すべてその階級の階級値をとるものと考えて，平均値を求める。

度数分布表を利用した平均値

$$(平均値)=\frac{\{(階級値)\times(度数)\}\,の合計}{(度数の合計)}$$

10　データの値から求める平均値と，度数分布表から求める平均値は一致するとは限らないが，一致しない場合でもその差は大きくない。

例 1　右の表は，ある学校の男子 20 人，女子 20 人の上体そらしの記録を，度数分布表にまとめて，階級値の列を加えたものである。

階級 (cm)	階級値 (cm)	男子 (人)	女子 (人)
26 以上 30 未満	28	4	2
30 ～ 34	32	8	6
34 ～ 38	36	5	7
38 ～ 42	40	2	4
42 ～ 46	44	1	1
計		20	20

このとき，男子の平均値は

$$\frac{28\times4+32\times8+36\times5+40\times2+44\times1}{20}=\frac{672}{20}=33.6\,(\text{cm})$$

練習 8 ▶ 例 1 の度数分布表において，女子の平均値を求めなさい。

第5章

3. データの散らばりと四分位範囲

データの散らばり方を調べる方法を考えてみよう。

■ 範　囲

　右の表は，AさんとBさんの2人が，昨年1年間の各月に，図書館に行った回数のデータである。

　2人とも1年間に48回図書館に行ったことから，1か月に図書館に行った回数の平均値はともに4回である。

　一方，1か月に図書館に行った回数は

　Aさん　　　最大：15回，最小：0回

　Bさん　　　最大：6回，最小：2回

となり，回数の差が大きく異なる。

　このような場合，平均値が等しくても，データの散らばり方は等しいとはいえない。

月	A （回数）	B （回数）
1	4	3
2	0	4
3	2	6
4	1	3
5	6	4
6	2	3
7	8	5
8	15	6
9	2	4
10	1	3
11	3	2
12	4	5
合計	48	48

　データのとる値のうち，最大のものから最小のものをひいた値を**範囲**（はんい）という。範囲は，データの散らばりの程度を表す。

$$（範囲）＝（最大値）－（最小値）$$

練習 9 AさんとBさんについて，1か月に図書館に行った回数の範囲を，それぞれ求めなさい。

次のデータは，ある中学校のA組とB組のそれぞれ20人に行ったテストの結果を，得点の低い順に並べたものである。(単位は 点)

A組
| 26 | 31 | 35 | 39 | 44 | 48 | 52 | 55 | 57 | 63 |
| 67 | 68 | 74 | 75 | 78 | 82 | 85 | 87 | 92 | 93 |

B組
| 27 | 42 | 47 | 49 | 51 | 53 | 54 | 56 | 59 | 64 |
| 66 | 68 | 69 | 69 | 72 | 76 | 79 | 82 | 85 | 94 |

それぞれのデータをヒストグラムで表すと，次の図のようになる。

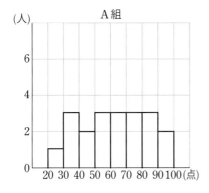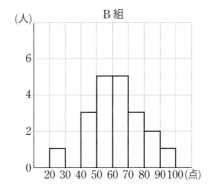

  A組のデータの範囲は $93-26=67$ (点)，

  B組のデータの範囲は $94-27=67$ (点)

であり，ともにデータの範囲は等しいが，ヒストグラムの山の形や高さには違いが見られる。

 また，範囲はデータの最大値と最小値だけで決まるため，データの中に極端に大きな値や小さな値があると，それによって範囲は大きく変わってしまう。そこで，データを値の大きさの順に並べて4等分し，中央値付近のデータについて考えることがある。

データを値の大きさの順に並べたとき，4等分する位置にくる値を四分位数（しぶんいすう）という。四分位数は，小さい方から順に **第1四分位数**，**第2四分位数**，**第3四分位数** という。第2四分位数は中央値のことである。

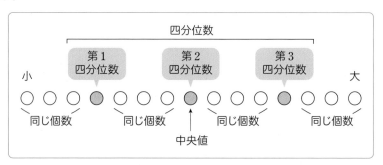

5　第1四分位数と第3四分位数は，次のように求める。

[1]　値の大きさの順に並べたデータを，個数が同じになるように半分に分ける。ただし，データの個数が奇数のときは，中央値を除いて2つに分ける。

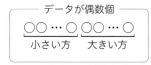

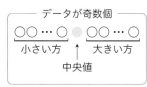

10　[2]　半分にしたデータのうち，小さい方のデータの中央値が第1四分位数，大きい方のデータの中央値が第3四分位数となる。

例 2　123ページのA組のデータの四分位数を求める。

15　中央値すなわち第2四分位数は　　$\dfrac{63+67}{2}=65$（点）

　　　第1四分位数は　　$\dfrac{44+48}{2}=46$（点）

　　　第3四分位数は　　$\dfrac{78+82}{2}=80$（点）

練習 10　123ページのB組のデータの四分位数を求めなさい。

■ 四分位範囲

122 ページで学んだ範囲よりも，中央値に近いところでのデータの散らばりの程度を調べる。

第 3 四分位数から第 1 四分位数をひいた差を **四分位範囲** という。

四分位範囲

$$(四分位範囲)＝(第 3 四分位数)－(第 1 四分位数)$$

参考　四分位範囲を 2 でわった値を **四分位偏差** という。

$$(四分位偏差)＝\frac{(四分位範囲)}{2}$$

$$＝\frac{(第 3 四分位数)－(第 1 四分位数)}{2}$$

第 1 四分位数と第 3 四分位数の間の区間には，データ全体のほぼ半分が入っており，データの中に極端に大きな値や小さな値があっても，影響を受けにくい。

一般に，データが中央値付近に集中しているほど，四分位範囲は小さくなり，データの散らばりの程度は小さいといえる。

例 3　123 ページの A 組のデータの四分位範囲を求める。
第 1 四分位数は 46 点，第 3 四分位数は 80 点であるから
四分位範囲は　　80－46＝34（点）

練習 11 ▶ 123 ページの A 組と B 組のデータについて，次の問いに答えなさい。

(1)　B 組のデータの四分位範囲を求めなさい。

(2)　A 組と B 組の四分位範囲から，データの散らばりの程度が大きいのはどちらの組であると考えられるか答えなさい。

四分位数や四分位範囲を使って，データの分布を図で表してみよう。

データの散らばりのようすを図で表すと，次の図のようになる。

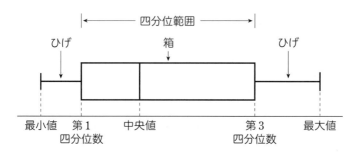

上の図を **箱ひげ図** という。箱ひげ図は，データの最小値，第1四分
位数，中央値（第2四分位数），第3四分位数，最大値を，箱とひげで表
している。箱の横の長さは，四分位範囲を表す。

箱ひげ図は，次の手順でかくとよい。

[1]　横軸にデータの目もりをとる。

[2]　第1四分位数を左端，第3四分位数を右端とする長方形（箱）をか
　　く。

[3]　箱の中に中央値を示す縦線をひく。

[4]　最小値，最大値を表す縦線をひき，箱の左端から最小値までと，箱
　　の右端から最大値まで，線分（ひげ）をひく。

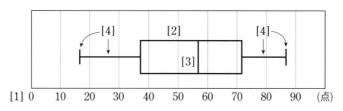

注意　箱ひげ図は，縦向きにかくこともある。

次のデータは，2019年の東京と那覇における月ごとの平均気温を，気温の低い順に並べたものである。（単位は ℃）

東京 | 5.6　7.2　8.5　10.6　13.1　13.6　19.4　20.0　21.8　24.1　25.1　28.4

那覇 | 18.1　19.9　20.0　20.0　22.3　23.1　24.2　26.0　26.5　28.0　28.9　29.2

（気象庁のホームページより）

2つのデータについて，最大値，最小値，四分位数を表にまとめると，次のようになる。

	最小値	第1四分位数	中央値	第3四分位数	最大値
東京	5.6	9.6	16.5	23.0	28.4
那覇	18.1	20.0	23.7	27.3	29.2

よって，東京の箱ひげ図は，次のようになる。

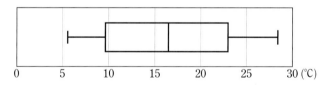

練習 12 ▶ 例4について，次の問いに答えなさい。

(1) 那覇の箱ひげ図を下の図にかき入れなさい。

(2) 東京と那覇の箱ひげ図から，寒暖の差が大きいのはどちらであると考えられるか答えなさい。

複数のデータの散らばりのようすを比べる場合は，箱ひげ図を利用するとよい。

　箱ひげ図の「ひげ」は，最小値や最大値が他のデータの値と大きく離れている場合に，影響を受けて長くなる。

5　　一方，「箱」はその影響を受けにくい。

　箱ひげ図とヒストグラムの関係について，考えてみよう。

　123ページのA組とB組のデータについて，箱ひげ図とヒストグラムを比べると，次の図のようになる。

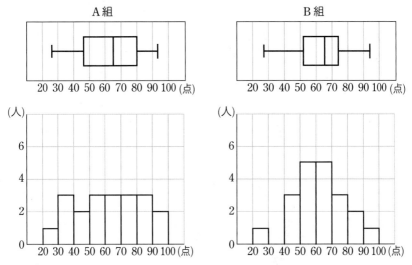

　上の図から，ヒストグラムの山の位置と，箱ひげ図の箱の位置がだい
10　たい対応し，ヒストグラムのすそにあたる部分が，箱ひげ図のひげに対応していることがわかる。ヒストグラムのすそが左に伸びていれば，箱ひげ図のひげも左に伸びる。

　箱ひげ図では，ヒストグラムほどにはデータの散らばりのようすが表現されないが，大まかなようすを知ることができる。

確 認 問 題

1　次のデータは，あるクラスの生徒30人のハンドボール投げの記録である。このデータについて，次の問いに答えなさい。

12.7	20.7	21.2	18.5	14.7	20.9	15.4	17.8	13.5	19.4
11.9	17.7	15.9	14.6	16.3	17.7	17.9	12.1	14.2	20.9
14.7	15.3	19.2	17.3	16.6	16.8	15.1	20.3	17.8	16.8

（単位は m）

(1)　10 m 以上 12 m 未満を階級の 1 つとして，どの階級の幅も 2 m である度数分布表をつくりなさい。

(2)　ヒストグラムと度数折れ線をつくりなさい。

(3)　14 m 以上 16 m 未満の階級の相対度数を求め，小数第 2 位までの小数で表しなさい。

2　次の表は，中学生 50 人の握力の記録をまとめた結果である。次の問いに答えなさい。

階級（kg）	度数（人）	相対度数	累積度数（人）	累積相対度数
15 以上 20 未満	6	0.12		
20 ～ 25	8	0.16		
25 ～ 30	12	0.24		
30 ～ 35	13	0.26		
35 ～ 40	7	0.14		
40 ～ 45	4	0.08		
計	50	1.00		

(1)　累積度数，累積相対度数を求め，上の表を完成させなさい。

(2)　記録が 30 kg 未満の生徒は，生徒全体のうち何％か答えなさい。

第5章

3 次のデータは，あるクラスの生徒 20 人の垂直とびの記録である。このデータについて，次の問いに答えなさい。

$$
\begin{array}{cccccccccc}
47 & 35 & 42 & 45 & 46 & 51 & 48 & 40 & 52 & 34 \\
40 & 49 & 43 & 31 & 37 & 45 & 44 & 49 & 41 & 47
\end{array}
$$
（単位は cm）

(1) 20 人の記録の範囲を求めなさい。

(2) 20 人の記録の中央値を求めなさい。

(3) 30 cm 以上 34 cm 未満を階級の 1 つとして，どの階級の幅も 4 cm である度数分布表をつくりなさい。

(4) (3) の度数分布表から，20 人の記録の最頻値と平均値を求めなさい。

4 次のデータは，ある店における 13 日間の商品 A と商品 B の販売数を，数の小さい順に並べたものである。このデータについて，次の問いに答えなさい。

商品A
$$
\begin{array}{ccccccccccccc}
8 & 12 & 17 & 22 & 24 & 25 & 25 & 26 & 28 & 28 & 33 & 38 & 40
\end{array}
$$

商品B
$$
\begin{array}{ccccccccccccc}
5 & 8 & 11 & 15 & 19 & 23 & 24 & 25 & 30 & 33 & 35 & 40 & 42
\end{array}
$$

（単位は 個）

(1) 商品Aの第 1 四分位数と第 3 四分位数を求めなさい。

(2) 商品Bの第 1 四分位数と第 3 四分位数を求めなさい。

(3) 商品Aと商品Bの四分位範囲をそれぞれ求めなさい。

(4) (3)から，データの散らばりの程度が大きいのはどちらの商品であると考えられるか答えなさい。

1 ある中学校の男子と女子の1週間
の総運動時間を調べ，その結果を
相対度数の折れ線で表すと，右の
図のようになった。

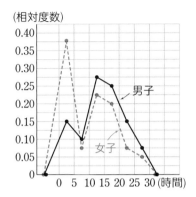

この図から読みとれることとして
適切なものを，次の①〜④から
すべて選びなさい。

① 男子では，0〜5時間と答え
た生徒が最も多い。

② 女子では，10時間以上の生徒が半数以上いる。

③ 男子では，3割以上の生徒が18時間以上である。

④ 全体の傾向として，女子の方が総運動時間が短いといえる。

2 次のデータは，2019年の大阪市における月ごとの平均気温を，気温の低
い順に並べたものである。（単位は ℃）

6.5 7.8 9.5 10.6 14.2 14.6 20.7 21.0 23.7 26.5 26.6 29.1

（気象庁のホームページより）

このデータを箱ひげ図に表したものを，次の①〜③から選びなさい。

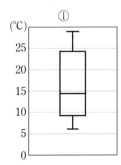

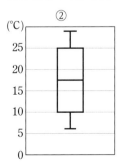

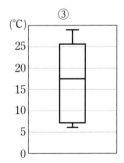

第5章

3 右の図は，19人の生徒に数学のテスト を行った結果をヒストグラムで表した ものである。次の問いに答えなさい。

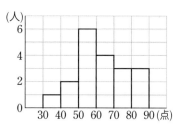

5　(1)　ヒストグラムから，19人の点数の 平均値を求め，小数第1位までの小 数で答えなさい。

(2)　19人の生徒の点数の中央値を調べたところ，62点であった。テス ト当日に欠席していた1人の生徒に同じテストを行ったところ，89点 10　　であった。20人の点数の中央値のとりうる値の範囲を求めなさい。

4 右の図は，同じショッピングセンター に入っているA店，B店，C店，D店 の30日間にわたる1日の来客数を， 箱ひげ図に表したものである。この箱 15　ひげ図から読みとれることとして適切 なものを，次の①〜④からすべて選 びなさい。

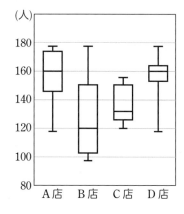

　①　範囲が最も小さいのは，D店であ る。

20　②　四分位範囲が最も大きいのは，B店である。

　③　15日間以上にわたって来客数が140人を超えたのは，A店とD店 のみである。

　④　来客数が120人以下の日が4日間以上だったのは，B店のみである。

データの傾向と調査

127 ページの例 4 では，2019 年の東京における月ごとの平均気温を調べて，箱ひげ図に表すことを学びました。

そこで，同じように，2016 年，2017 年，2018 年の月ごとの平均気温を調べて，東京の気温が以前と比べてどのように変化しているかを調査することになりました。

それぞれの年の月ごとの平均気温について，最大値，最小値，四分位数をまとめた表と，箱ひげ図をつくると次のようになりました。

	最小値	第 1 四分位数	中央値	第 3 四分位数	最大値
2016 年	6.1	9.5	17.1	23.4	27.1
2017 年	5.8	7.7	15.8	22.4	27.3
2018 年	4.7	9.9	18.1	22.7	28.3
2019 年	5.6	9.6	16.5	23.0	28.4

（気象庁のホームページより）

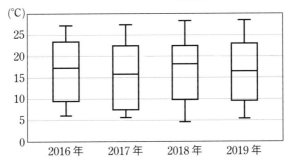

先生

今までに学んだことを思い出しながら，データの傾向について，気づいたことを話し合ってみましょう。
また，そのように考えた理由も説明してみましょう。

確率と標本調査

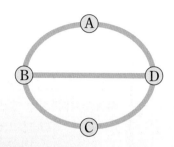

4つの町 A，B，C，D があります。
これらの町の間には，右の図に示
すような道があります。

どれか 1 つの町から出発して，上の図の道を通り，4 つの町すべ
てを重複がないように 1 回ずつ訪れる方法は何通りあるでしょう
か？

> 4 つの町を訪ねる順番を 4 つの文字 A，B，C，D を並べて
> 表すことで，調べてみましょう！

ABCD　　　**ABDC**

この章では，いくつかのものを並べたり，いくつかのものを選ぶ
方法が何通りあるかを求める方法を学びます。
また，それらを用いて，ある事柄の起こりやすさの程度を数値で
表す方法についても学びます。

←パスカル（1623−1662）
　フランスの数学者

フェルマ（1601−1665）➡
フランスの数学者

16 世紀頃，数学者でもあり賭博師（と ばく）でもあった，イタリアのカルダーノは，著書の中で，はじめて確率について述べたといわれています。

17 世紀頃には，フランスの数学者パスカルが，友人から賭け（か）事に関する質問を受け，その質問について，同じくフランスの数学者であるフェルマと何通もの手紙を交わしました。

その文通によって，学問としての「確率論」が誕生したといわれています。

1. 場合の数

場合の数と樹形図

　ある事柄の起こり方が全部で n 通りあるとする。このときの n をその事柄の起こる **場合の数** という。

5 　場合の数を知るには，起こりうるすべての場合を，もれなく重複なく数える必要がある。ここでは，そのための方法について考えてみよう。

　図 [1] のような道を通って，地点Oから地点Hまで遠回りしないで行くとき，どのような道順があるかを調べてみよう。

10 　条件を満たす道順を，交差点を示す文字の順にすべて書き出してみると，下のようになる。

[1]

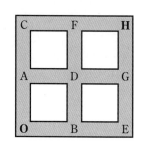

$$
\begin{aligned}
&O \to A \to C \to F \to H \\
&O \to A \to D \to F \to H \\
&O \to A \to D \to G \to H \\
&O \to B \to D \to F \to H \\
&O \to B \to D \to G \to H \\
&O \to B \to E \to G \to H
\end{aligned}
$$

15

[2]

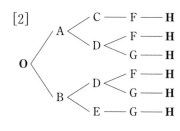

　これらは，図 [2] のように次々と枝分かれしていく図でも表すことが
20 できる。このような図を **樹形図** という。樹形図は，起こりうるすべての場合を，もれなく重複なく数え上げるのに便利である。

練習 1 ▶ アルファベットの A，B，C を，ACB のように重複なしに1個ずつすべて並べるとき，その並べ方をすべて書き出しなさい。

樹形図を用いて，起こりうる場合の数を求めてみよう。

例1 大中小3個のさいころを同時に投げるとき，出る目の和が5になる場合は，右の樹形図により，6通りある。

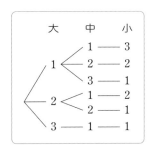

練習2 大中小3個のさいころを同時に投げるとき，次の場合は何通りあるか答えなさい。
(1) 出る目の和が6になる場合　　(2) 出る目の和が7になる場合

例題1 ある競技の予選は5試合のうち3勝すれば通過できる。ただし，引き分けはなく，3勝したらそれ以降の試合はない。最初に1勝したとき，この競技の予選を通過するための勝敗の順は何通りあるか答えなさい。

(考え方) 5試合目までに勝ちが3回になる場合の樹形図をかく。

解答 勝ちを○，負けを×で表し，5試合目までに，3勝する場合の樹形図をかくと，右の図のようになる。
よって　6通り　**答**

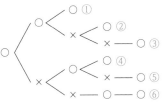

練習3 1枚の硬貨をくり返し投げ，表が3回または裏が2回出たところで終了する。表と裏の出方は何通りあるか答えなさい。

練習 4 ▶ 赤玉 2 個と青玉 2 個の入った箱の中から，1 個ずつ順に玉を取り出す。全部の玉を取り出すとき，出た玉の色の順序を考えると，玉の出方は何通りあるか答えなさい。

表をつくって場合の数を求める

2 個のさいころを同時に投げるときに起こるような場合の数は，表をつくって考えるとわかりやすいことが多い。

例題 2 2 個のさいころ A，B を同時に投げるとき，A の目が B の目の約数になる場合は何通りあるか答えなさい。

解答 A，B の目の出方を表にまとめ，A の目が B の目の約数となる場合に，○印をつけると，右の表のようになる。

よって 14 通り **答**

B＼A	1	2	3	4	5	6
1	○					
2	○	○				
3	○		○			
4	○	○		○		
5	○				○	
6	○	○	○			○

注意 例題 2 のように，さいころの目の組を考えるとき，たとえば，A の目が 3，B の目が 6 である組を (3, 6) のように書き表すこともある。

A の目 ↗ ↖ B の目

練習 5 ▶ 2 個のさいころ A，B を同時に投げるとき，出る目の和が 5 の倍数になる場合は何通りあるか答えなさい。

順列

　2種類の食べ物 A, B と, 3種類の飲み物 P, Q, R から1種類ずつ選ぶとき, そのセットの種類の数は, 右の樹形図のようになる。

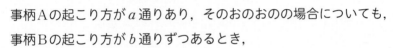

　食べ物の選び方は, A, B のどちらでもよいから, 2 通りある。

　飲み物の選び方は, P, Q, R のどれでもよいから, 3 通りある。

　よって, 場合の数は　　$2 \times 3 = 6$ (通り)

　一般に, 次のことが成り立つ。

事柄Aの起こり方が a 通りあり, そのおのおのの場合についても,
事柄Bの起こり方が b 通りずつあるとき,
AとBがともに起こる場合は **ab 通り** ある。

このことは, 3つ以上の事柄についても成り立つ。

例題 3　3個のさいころ A, B, C を同時に投げるとき, A, B の目が3の倍数, C の目が偶数になる場合は何通りあるか答えなさい。

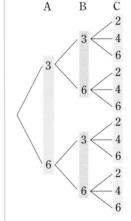

解答　A, B の目が3の倍数になるのは,
　　　　それぞれ　　2 通り
　　　　Cの目が偶数になるのは　　3 通り
　　　　よって, 求める場合の数は
　　　　　　$2 \times 2 \times 3 = 12$ (通り)　**答**
　　　　　　↑　↑　↑
　　　　　　A　B　C

練習 6 ▶ 次の問いに答えなさい。

  (1)　2個のさいころ A，B を同時に投げるとき，A の目が奇数，B の目が5以下になる場合は何通りあるか答えなさい。

  (2)　3種類のサラダと，2種類のスープと，4種類のデザートから，それぞれ1種類ずつ選び，セットをつくる。セットのつくり方は全部で何通りあるか答えなさい。

  5個の数字 1，2，3，4，5 から異なる 3 個を取って並べるとき，3桁の数がいくつできるかを考えてみよう。

  百の位から順に数字を決める。

  [1]　百の位は，1，2，3，4，5 のどれでもよいから 5 通り。

  [2]　十の位は，[1] で決めた数字以外の 4 通り。

  [3]　一の位は，[1]，[2] で決めた数字以外の 3 通り。

  よって，できる3桁の数は　　$5 \times 4 \times 3 = 60$（個）

  上の例では，3個の数字を1列に並べているが，たとえば 123 と 312 のように，同じ数字を用いていても並べる順序が違うものは区別している。

  このように，いくつかのものを，順序をつけて1列に並べるとき，その並びの1つ1つを **順列** という。

  一般に，異なる n 個のものから異なる r 個を取り出して並べる順列を **n 個から r 個取る順列** といい，その総数を記号 $_n\mathrm{P}_r$ で表す。

  たとえば，5個から3個取る順列の総数は $_5\mathrm{P}_3$ で表され，

$$_5\mathrm{P}_3 = 5 \times 4 \times 3 = 60$$

である。

注 意　$_n\mathrm{P}_r$ の P は，「順列」を意味する permutation の頭文字である。

一般に，次のことが成り立つ。

> ### 順列の総数 $_nP_r$
>
> n 個から r 個取る順列の総数 $_nP_r$ は
> $$_nP_r = \underbrace{n\,(n-1)(n-2)\times\cdots\cdots\times(n-r+1)}_{r\text{ 個の数の積}}$$

1番目	2番目	3番目		r 番目
n 通り	$(n-1)$ 通り	$(n-2)$ 通り	$\cdots\cdots$	$\{n-(r-1)\}$ 通り $=(n-r+1)$ 通り

全部で r 個

例 2 7人から3人を選んで1列に並べるとき，並べ方の総数は
$$_7P_3 = \underbrace{7\times6\times5}_{3\text{ 個の数の積}} = 210\,(\text{通り})$$

練習 7 次のものの総数を求めなさい。

(1) 10人から3人を選んで1列に並べるときの並べ方

(2) 1から6までの6個の数字から異なる4個を選んでつくる4桁の整数

順列の総数 $_nP_r$ の式で，特に $r=n$ のときは
$$_nP_n = n(n-1)(n-2)\times\cdots\cdots\times3\times2\times1$$

となる。これは，1から n までのすべての自然数の積である。

これを **n の階乗** といい，**$n!$** で表す。

$$n! = n(n-1)(n-2)\times\cdots\cdots\times3\times2\times1$$

例 3 (1) $3! = 3\times2\times1 = 6$

(2) $8! = 8\times7\times6\times5\times4\times3\times2\times1 = 40320$

一般に，次のことがいえる。

> 異なる n 個すべてを並べる順列の総数は $_n\mathrm{P}_n = n!$ 通り

 例 4　4人の生徒全員を1列に並べるとき，並べ方の総数は
$$4! = 4 \times 3 \times 2 \times 1 = 24 \,(通り)$$

練習 8 ▶ 次のような並べ方の総数を求めなさい。

(1)　A，B，C，D，E の5文字すべてを1列に並べる。

(2)　1から7までの7個の自然数すべてを1列に並べる。

順列の利用

順列の考え方を利用して，いろいろな場合の数を求めてみよう。

例題 4　10枚の異なるカードから3枚を選び，A，B，C の3人に1枚ずつ配るとき，配り方は何通りあるか答えなさい。

> **解答**　配り方の総数は，10枚から3枚を選んで1列に並べる順列
> の総数と同じであるから
> $$_{10}\mathrm{P}_3 = 10 \times 9 \times 8 = 720 \,(通り) \quad \boxed{答}$$

練習 9 ▶ 6人の候補選手の中から，リレーの第1走者から第4走者までを決めるとき，4人の走者の決め方は何通りあるか答えなさい。

練習 10 ▶ 右の図のような A，B，C，D の4つの部分を，すべて違う色で塗り分ける。5種類の色があるとき，何通りの塗り方があるか答えなさい。

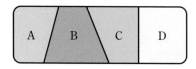

4個の文字 a, b, c, d から，異なる3個を取り出して文字の組をつくるとき，次のような4つの組ができる。

$$\{a,\ b,\ c\},\ \{a,\ b,\ d\},\ \{a,\ c,\ d\},\ \{b,\ c,\ d\}\ \cdots\cdots ①$$

この場合，a, b, c の順に取り出しても，b, c, a の順に取り出しても，同じ組 $\{a,\ b,\ c\}$ と考える。

このように，ものを取り出す順序を無視した組をつくるとき，これらの組の1つ1つを **組合せ** という。

一般に，異なる n 個のものから異なる r 個を取り出してつくる組合せを **n 個から r 個取る組合せ** といい，その総数を記号 $_nC_r$ で表す。

たとえば，4個から3個取る組合せの総数は $_4C_3$ で表され，$_4C_3 = 4$ である。

注意 $_nC_r$ の C は，「組合せ」を意味する combination の頭文字である。

①の1つの組 $\{a,\ b,\ c\}$ について，3個の文字 a, b, c すべてを並べてできる順列は $3!$ 通り ある。

組合せでは，順序を無視するため，これらの $3!$ 個のものは，すべて同じ組と考える。

他の3つの組についても同様であるから，「4個から3個取る組合せをつくり，それぞれの組の3個すべてを1列に並べる順列の総数」と「4個から3個取る順列の総数」は一致する。

よって $\qquad _4C_3 \times 3! = {}_4P_3$

したがって $\qquad _4C_3 = \dfrac{_4P_3}{3!} = \dfrac{4 \times 3 \times 2}{3 \times 2 \times 1} = 4$

一般に，次のことが成り立つ。

組合せの総数 $_nC_r$

n 個から r 個取る組合せの総数 $_nC_r$ は

$$_nC_r=\frac{_nP_r}{r!}=\overbrace{\frac{\overbrace{n(n-1)(n-2)\times\cdots\cdots\times(n-r+1)}^{r\text{ 個の数の積}}}{\underbrace{r(r-1)(r-2)\times\cdots\cdots\times3\times2\times1}_{r\text{ 個の数の積}}}}\left(=\frac{_nP_r}{_rP_r}\right)$$

例 5 　5 人の中から 3 人を選ぶとき，選び方の総数は

$$_5C_3=\frac{\overbrace{5\times4\times3}^{3\text{ 個の数の積}}}{\underbrace{3\times2\times1}_{3\text{ 個の数の積}}}=10\,(\text{通り})$$

練習 11 ▶ 次のような選び方の総数を求めなさい。

(1) 　4 人の中から 2 人の代表を選ぶ。

(2) 　9 色の中から 3 色を選ぶ。

組合せの利用

組合せの考え方を利用して，いろいろな場合の数を求めてみよう。

例題 5 　円周上の異なる 8 点のうち，3 点を結んでできる三角形は何個あるか答えなさい。

解答 　三角形の個数は，8 点から 3 点を選ぶ組合せの総数と同じであるから

$$_8C_3=\frac{8\times7\times6}{3\times2\times1}=56\,(\text{個})\quad\boxed{答}$$

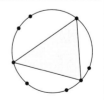

練習 12 ▶ 正六角形について，次のものの個数を求めなさい。

(1) 3個の頂点を結んでできる三角形　　(2) 2個の頂点を結ぶ線分

(3) 4個の頂点を結んでできる四角形

コ ラ ム

組合せの記号 $_n\mathrm{C}_r$

1からnの異なる数字が書かれたn個の玉から，異なるr個の玉を取り出すとき，取り出し方は何通りあるかを考えてみましょう。

たいちさん

> 異なるn個のものから異なるr個を取り出してつくる組合せだから，$_n\mathrm{C}_r$ です。

では，① が書かれた玉が選ばれる場合と，選ばれない場合に分けて，考えるとどうでしょうか。

けいこさん

> ① の玉が選ばれる場合は，
>   ① の玉を除いた $(n-1)$ 個の玉から，異なる $(r-1)$ 個の玉を取り出す組合せだから，$_{n-1}\mathrm{C}_{r-1}$ です。
> ① の玉が選ばれない場合は，
>   ① の玉を除いた $(n-1)$ 個の玉から，異なる r 個の玉を取り出す組合せだから，$_{n-1}\mathrm{C}_r$ です。
> これらの場合は重複しないから，組合せの総数は
> $_{n-1}\mathrm{C}_{r-1}+_{n-1}\mathrm{C}_r$ です。

たいちさんとけいこさんの考えから，次のことが成り立ちます。

$$_n\mathrm{C}_r=_{n-1}\mathrm{C}_{r-1}+_{n-1}\mathrm{C}_r$$

2. 事柄の起こりやすさと確率

確率

ある事柄の起こりやすさの程度を，数で表す方法を考えてみよう。

あるさいころを投げる実験を行う。この実験において，さいころを投げた回数に対する，1の目が出る回数の割合はどのくらいになるだろうか。

右の表は，さいころを投げた回数 U と，そのうち1の目が出た回数 A を記録したものである。

U	A	$\dfrac{A}{U}$
25	4	0.160
50	10	
100	18	
250	42	
500	86	
750	123	
1000	167	

練習 13 ▶ 投げた回数ごとに，1の目が出る割合

$$\frac{1\text{の目が出た回数}}{\text{さいころを投げた回数}} = \frac{A}{U}$$

を計算し，右の表を完成させなさい。

注意 割合 $\dfrac{A}{U}$ は，相対度数でもある。

1の目が出る割合，すなわち相対度数をグラフにすると，下の図のようになる。

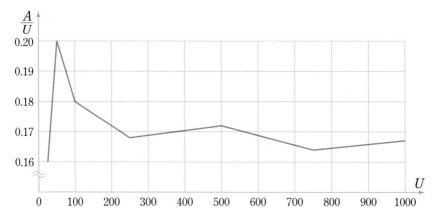

前のページのさいころをくり返し投げると，さいころを投げる回数が少ないうちは，1の目が出る相対度数は安定せず，ばらつきが大きい。しかし，回数が多くなるにしたがって，1の目が出る相対度数はしだいに安定し，その値は 0.166 に近づいていくことがわかる。

5　　この値は，1の目が出るという事柄の起こりやすさの程度を表す。

　「あるさいころを投げることを多数回くり返すと，1の目が出る相対度数は 0.166 に近くなる」ことのように，ある事柄の起こりやすさの程度を表す数を，その事柄の起こる **確率** という。

例 6　前のページのさいころを投げて，1の目が出る確率は，およそ
10　0.166 である。

　実際に，実験を行うことができない事柄に対しても，長年の調査の結果など多くのデータを使って，その事柄の起こる確率を考える場合がある。

　たとえば，日本における，2009 年から 2018 年の 10 年間の年次ごとの
15　出生児数に対する男児数の相対度数は，下の表のようになっている。

年次	2009	2010	2011	2012	2013	2014	2015	2016	2017	2018
男児の相対度数	0.513	0.512	0.514	0.512	0.512	0.514	0.513	0.514	0.512	0.513

　ここでは，多くのデータから得た，「全体に対する，事柄Aが起こる相対度数」を「事柄Aが起こる確率」と考えることにする。
20　すなわち，上のデータから，日本における出生児が男児である確率は，およそ 0.513 であると考えられる。

3. 確率の計算

確率の求め方

確率を計算によって求める方法を考えてみよう。

正しく作られたさいころ(*)を投げるとき，出る目は1, 2, 3, 4, 5, 6
の6通りあり，どの場合が起こることも同じ程度に期待できる。

このようなとき，各場合の起こることは **同様に確からしい** という。

(1) 正しく作られたさいころを投げるとき，どの目が出ること
も同様に確からしい。

(2) 正しく作られた硬貨を投げるとき，表が出ることと裏が出
ることは同様に確からしい。

注 意 今後，特に断らない限り，さいころや硬貨は正しく作られたものと考える。

各場合の起こることが同様に確からしいとき，確率は次のように求め
られる。

確率の求め方

各場合の起こることが同様に確からしい実験や観察において，起こ
りうるすべての場合が n 通りあるとする。

そのうち，事柄Aの起こる場合が a 通りあるとき

Aの起こる確率 p は $\qquad p = \dfrac{a}{n}$

（*） 均一な材質で正確な立方体のさいころを作ると，1〜6の目の出方にかたより
がなくなる。これを「正しく作られたさいころ」という。

例 8　赤，青，黄，緑の 4 個の玉が入った袋がある。

この袋の中の玉をよくかき混ぜてから 1 個取り出すとき，玉の

取り出し方は 4 通りあり，これらは同様に確からしい。

よって，取り出した玉が赤である確率は　　　$\dfrac{1}{4}$

また，取り出した玉が赤または青である確率は　　$\dfrac{2}{4} = \dfrac{1}{2}$

練習 14▶　次のような事柄の起こる確率を求めなさい。

(1)　1 枚の硬貨を投げたとき，表が出る。

(2)　1 枚の硬貨を投げたとき，裏が出る。

(3)　1 個のさいころを投げたとき，出る目が 3 の倍数となる。

(4)　1 個のさいころを投げたとき，出る目が 6 の約数となる。

例題 6　赤玉 3 個，青玉 2 個，黄玉 5 個が入った袋から玉を 1 個取り出すとき，赤玉が出る確率を求めなさい。

> 解 答　玉は 10 個あるから，玉の取り出し方は，全部で 10 通りあり，これらは同様に確からしい。
>
> このうち，赤玉の取り出し方は 3 通りある。
>
> よって，求める確率は　　$\dfrac{3}{10}$　　答

練習 15▶　次のような事柄の起こる確率を求めなさい。

(1)　赤玉 2 個，白玉 3 個が入った袋から玉を 1 個取り出すとき，赤玉が出る。

(2)　ジョーカーを除く 1 組のトランプのカード 52 枚からカードを 1 枚引いたとき，エースが出る。

(3)　1 から 12 までの自然数が書かれている 12 枚のカードから 1 枚を引いたとき，1 桁の偶数が出る。

確率の性質

起こりうるすべての場合が n 通りあり，そのうち事柄Aの起こる場合が a 通りあるとする。このとき a の値の範囲は

$$0 \leqq a \leqq n \quad \cdots\cdots ①$$

5 である。ここで，

$a=0$ となるのは，事柄Aが絶対に起こらない場合

$a=n$ となるのは，事柄Aが絶対に起こる場合 $\left. \right] (*)$

である。

事柄Aの起こる確率を p とすると，$p=\dfrac{a}{n}$ で，その値の範囲は，① から，次のようになることがわかる。

10

$$0 \leqq \dfrac{a}{n} \leqq 1 \qquad \leftarrow ① の各辺を n でわる$$

すなわち，確率 p の値の範囲は，次のようになる。

$$0 \leqq p \leqq 1$$

また，$(*)$ から，次のこともわかる。

15 　　　絶対に起こらない事柄の確率は　0　　　$\leftarrow a=0$ のとき

　　　絶対に起こる事柄の確率は　1　　　$\leftarrow a=n$ のとき

上で調べたことは，次のようにまとめられる。

[1]　確率 p の値の範囲は　$\boldsymbol{0 \leqq p \leqq 1}$

[2]　絶対に起こらない事柄の確率は　0

20 [3]　絶対に起こる事柄の確率は　1

練習 16 ▶ 1個のさいころを投げるとき，次の場合の確率を求めなさい。

(1)　出る目が 10 以下になる。　　　(2)　出る目が 7 の倍数になる。

いろいろな確率

いろいろな事柄の確率を求めてみよう。

例題 7 2枚の硬貨を同時に投げるとき，1枚は表，1枚は裏となる確率を求めなさい。

解答 2枚の硬貨の表，裏の出方は，全部で

表 表，　　表 裏，　　裏 表，　　裏 裏

の4通りあり，これらは同様に確からしい。

このうち，1枚は表，1枚は裏となるのは2通りある。

よって，求める確率は $\dfrac{2}{4} = \dfrac{1}{2}$　**答**

注意 上の例題7において，2枚の硬貨の表，裏の出方を「2枚とも表」，「1枚は表，1枚は裏」，「2枚とも裏」の3通りとし，求める確率を $\dfrac{1}{3}$ とするのは誤りである。これは，「1枚は表，1枚は裏」という出方と「2枚とも表」，「2枚とも裏」という出方は出やすさが異なるからである。

2枚の硬貨をそれぞれ A，B としたとき，「1枚は表，1枚は裏」には「A が表，B が裏」と「B が表，A が裏」の2通りがあると考える。

　例題7における，起こりうるすべての場合は，樹形図を用いて考えてもよい。

　2枚の硬貨を A，B としたとき，樹形図は右の図のようになる。

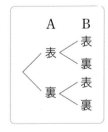

練習 17 例題7において，硬貨が2枚とも表となる確率を求めなさい。

練習 18 3枚の硬貨を同時に投げるとき，次の場合の確率を求めなさい。

(1) すべて表が出る。　　　　(2) 1枚だけ裏が出る。

例題 **8** 2個のさいころを同時に投げるとき，出る目の和が5になる確率を求めなさい。

解答 2個のさいころの目の出方は，全部で 6×6＝36（通り）

このうち，出る目の和が5になるのは，次の4通りある。

$$(1, 4), (2, 3), (3, 2), (4, 1)$$

よって，求める確率は $\dfrac{4}{36} = \dfrac{1}{9}$ 答

練習 **19** 2個のさいころを同時に投げるとき，次の場合の確率を求めなさい。

(1) 出る目の和が7になる。　　　(2) 2個とも偶数の目が出る。

(3) 出る目の和が4の倍数になる。

例題 **9** 右の図のような正方形 ABCD の頂点A
に点Pがある。1枚の硬貨を投げて表が
出ると，Pは時計回りの方向に隣の頂点
に動き，裏が出ると動かずにとどまる。

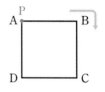

硬貨を2回投げたとき，Pが頂点Bにある確率を求めなさい。

解答 硬貨の表，裏の出方は，全部
で4通りあり，点Pの動き
方は，右の表のようになる。
このうち，Pが頂点Bにあ
るのは2通りある。

1回目	2回目	Pの動き
表	表	A→B→C
表	裏	A→B→B
裏	表	A→A→B
裏	裏	A→A→A

よって，求める確率は $\dfrac{2}{4} = \dfrac{1}{2}$ 答

練習 **20** 例題9において，硬貨を3回投げたとき，点Pが頂点Cにある確率を求めなさい。

例題 10 1, 2, 3, 4, 5 の番号が書かれている 5 枚のカードをよく混ぜて, 1 枚ずつ続けて 2 枚引く。最初のカードの番号を十の位, あとのカードの番号を一の位として 2 桁の数をつくるとき, できる数が偶数になる確率を求めなさい。

〔考え方〕 一の位の数が偶数のとき, 2 桁の数は偶数である。

解答 2 桁の数のつくり方は, 全部で $_5P_2 = 5 \times 4 = 20$（通り）

偶数になるのは, 一の位が 2 または 4 のときであるから,

12, 32, 42, 52, 14, 24, 34, 54

の 8 通りある。

よって, 求める確率は $\dfrac{8}{20} = \dfrac{2}{5}$ **答**

練習 21 1, 2, 3, 4 の番号が書かれている 4 枚のカードをよく混ぜて, 1 枚ずつ続けて 2 枚引く。最初のカードの番号を十の位, あとのカードの番号を一の位として 2 桁の数をつくるとき, できる数が 3 の倍数になる確率を求めなさい。

例題 11 赤玉 3 個, 白玉 4 個が入った袋から, 同時に 2 個の玉を取り出すとき, 2 個とも白玉が出る確率を求めなさい。

解答 7 個の玉から 2 個取る組合せは, 全部で $_7C_2$ 通りある。

白玉 4 個から 2 個取る組合せは, $_4C_2$ 通りある。

よって, 求める確率は $\dfrac{_4C_2}{_7C_2} = \dfrac{6}{21} = \dfrac{2}{7}$ **答**

練習 22 赤玉 4 個, 白玉 5 個が入った袋から, 同時に 2 個の玉を取り出すとき, 2 個とも赤玉が出る確率を求めなさい。

起こらない確率

2本のあたりくじと3本のはずれくじからなる5本のくじから2本引いたとき，少なくとも1本があたりくじである確率を求めてみよう。

あたりくじを ①，②，はずれくじを ③，④，⑤ とする。

5 このとき，引いた2本のくじの組合せは，次のようになる。

$$\left.\begin{array}{l} \{①,\ ②\},\ \{①,\ ③\},\ \{①,\ ④\},\ \{①,\ ⑤\} \\ \{②,\ ③\},\ \{②,\ ④\},\ \{②,\ ⑤\} \end{array}\right\}[1]$$

$$\left.\begin{array}{l} \{③,\ ④\},\ \{③,\ ⑤\} \\ \{④,\ ⑤\} \end{array}\right\}[2]$$

10 この問題では，起こりうるすべての場合が

    [1]　少なくとも1本があたりくじである

    [2]　2本ともはずれくじである

の2つに分けられる。

よって，([1]の確率)＋([2]の確率)＝1 であるといえる。

15 [2]の確率は $\dfrac{{}_3C_2}{{}_5C_2}=\dfrac{3}{10}$ であるから，[1]の確率は

$$1-\frac{3}{10}=\frac{7}{10}$$

注意　この問題では，[1]の確率を直接考えるより，[2]の確率を考えてから，上のように計算する方が簡単である。

一般に，次のことが成り立つ。

20   (事柄Aの起こらない確率)＝1－(事柄Aの起こる確率)

練習 23 ▶ 2個のさいころを同時に投げるとき，少なくとも1個は偶数の目が出る確率を求めなさい。

モンティ・ホール問題

モンティ・ホールという人が司会を務めたアメリカの番組で，次のような
ゲームが話題になりました。

A，B，C の 3 つのドアがある。
そのうちの 1 つのドアの向こうに景品があり，
残りの 2 つのドアの向こうには何もない。
ゲームの参加者がこの 3 つのドアのうち 1 つ

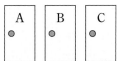

のドアを開けて，そこに景品があれば，景品をもらえる。ただし，参
加者がドアを開けるまでに，司会者と参加者の間で次のようなかけひ
きがある。
[1] 参加者がドアを 1 つ選ぶ（ドアはまだ開けない）。
[2] 景品が入っているドアを知っている司会者が，残りの 2 つのドア
  から景品が入っていないドアを 1 つ開ける。
[3] 司会者が参加者に「ドアの選択を変更してもよい」と告げる。
[4] 参加者が 2 つのドアから最終的に選んだドアを開ける。

このゲームで，[3] のあとに参加者はドアを変更すべきでしょうか。

[3] のとき，残りのドアは 2 つだから，参加者
はドアを変更しても，変更しなくても，景品が
あたる確率は $\frac{1}{2}$ だと思います。

たいちさん

けいこさん

[3] のとき，参加者が [1] で選んだドア，もう
1 つのドアに景品が入っている確率はそれぞ
れ $\frac{1}{3}$，$\frac{2}{3}$ だから，参加者はドアを変更した方
がいいと思います。

実は，ドアを変更した方が，景品があたる可能
性が大きくなります。その理由を考えてみま
しょう。

先生

4. 標本調査

全数調査と標本調査

　日本の総人口や人口の分布について調べる国勢調査は，日本に住む人全員について行われる調査である。このように，対象とする集団に含まれるすべてのものについて行う調査を **全数調査** という。

　これに対して，対象とする集団の一部を調べ，その結果から，集団全体の状況を推定する調査を **標本調査** という。

> **例 9**　生徒全員に対して行われる健康診断は，全数調査である。
> 一方，電化製品の耐用年数に関する調査は，標本調査である。

練習 24　例 9 の電化製品の耐用年数に関する調査は，なぜ全数調査ではなく標本調査であるか，その理由を考えなさい。

練習 25　次のそれぞれの調査は，全数調査と標本調査のどちらが適当であるか答えなさい。
(1)　真空パックされた食品の中身の品質調査
(2)　学校でのスポーツテスト
(3)　新聞社が行う世論調査

　標本調査において，調査対象全体を **母集団** といい，調査のために母集団から取り出されたものの集まりを **標本**，母集団から標本を取り出すことを標本の **抽出** という。

　また，母集団に含まれるものの個数を **母集団の大きさ**，標本に含まれるものの個数を **標本の大きさ** という。

　標本調査の目的は，抽出した標本から母集団の状況を推定することである。そのため，標本を抽出するときには，母集団の状況をよく表すような方法をとる必要がある。

　たとえば，ある中学校の生徒100人から10人を選んでハンドボール投げの記録の平均値を推定するとき，ハンドボール部の部員の中から10人選ぶのでは，生徒100人の状況をよく表しているとはいえない。

　このようなときには，くじ引きのような方法で10人を選ぶ必要がある。

　くじ引きなどの方法で，母集団からかたよりなく標本を抽出することを，標本を **無作為に抽出する** という。

　標本を無作為に抽出するには，次のような方法がある。

　まず，母集団に含まれるデータに番号をつけておく。その上で，
- ● 番号を書いたくじを作り，それでくじ引きを行う。
- ● 正二十面体の各面に0から9までの数字が2回ずつ書かれたさいころ (乱数さい) を使う。
- ● 0から9までの数字を不規則に並べた表 (乱数表) を使う。　→ 191ページ参照
- ● コンピュータを利用する。

乱数さい

	A	B	C	D	E	F	G	H	I	J
A1	=RANDBETWEEN(1,100)									
1	66	73	19	70	39	45	84	25	74	66
2	19	45	3	59	97	34	69	30	45	56
3	65	8	90	79	4	59	8	38	69	78
4	73	23	16	59	29	33	78	73	58	5
5	35	78	53	54	80	48	71	50	99	23
6	23	68	57	72	67	62	34	40	34	41
7	35	81	59	17	51	74	72	30	37	8
8	63	31	99	97	17	72	3	81	67	87

第6章

● 乱数さいを利用する方法 ●

乱数さいを使って，1 から 100 までの番号から，10 個の異なる番号を抽出する。

[1]　A，B 2 個の乱数さいを投げ，A の目を十の位の数，B の目を一の位の数として番号を得る。

　　ただし，06 のように十の位の数が 0 の場合は 1 桁の番号とし，00 の場合は 100 番とする。

[2]　[1]をくり返して，10 個の番号を得る。

● 乱数表を利用する方法 ●

乱数表では，0 から 9 までの数字が不規則に並べられており，どの部分をとっても，0 から 9 までの数字が同じ確率で現れるように作られている。

乱数表を使って，1 から 100 までの番号から，10 個の異なる番号を抽出する。

[1]　乱数表を見ず，適当に乱数表に鉛筆を立てる。

[2]　鉛筆の先があたった数字をはじめの位置とし，そこから 2 つずつ数をとり，2 けたの数が 10 個得られるまで進んでいく。

　　ただし，06 のように十の位の数が 0 の場合は 1 桁の番号とし，00 の場合は 100 番とする。

乱数さいや乱数表を利用する方法では，同じ番号が重なる場合や，データにつけた番号よりも大きい数である場合は，それらを除いて考える。

練習 26 ▶ 191 ページの乱数表を利用して，1 から 100 までの番号から，10 個の異なる番号を無作為に抽出しなさい。

標本調査の利用

　母集団の大きさが非常に大きいと，平均値を簡単に調べられない場合がある。たとえば，日本にいる中学3年生全員の50m走の記録の平均値を調べるのは，必ずしも簡単ではない。

　そこで，標本調査を利用して，母集団の平均値を推定してみよう。

例10 あるりんご農園で収穫した50個のりんごの重さをはかったところ，次の表のようになった。（単位はg）

番号	重さ	番号	重さ	番号	重さ	番号	重さ	番号	重さ
1	305	11	311	21	293	31	305	41	308
2	295	12	302	22	304	32	300	42	313
3	284	13	311	23	287	33	313	43	312
4	320	14	283	24	299	34	297	44	284
5	281	15	306	25	305	35	296	45	299
6	323	16	294	26	296	36	284	46	279
7	316	17	292	27	298	37	322	47	305
8	286	18	315	28	320	38	294	48	314
9	300	19	292	29	288	39	303	49	312
10	302	20	316	30	306	40	307	50	298

50個のりんごを母集団とし，10個の番号を無作為に抽出した結果は次の通りであった。

$$21, \quad 14, \quad 43, \quad 6, \quad 27, \quad 34, \quad 2, \quad 17, \quad 15, \quad 49$$

重さ　293　283　312　323　298　297　295　292　306　312

この標本における，りんごの重さの平均値は

$$\frac{293+283+312+323+298+297+295+292+306+312}{10}$$

$$=301.1 \, (g)$$

前のページの例 10 では，母集団から抽出した標本の平均値を求めた。このように，母集団から抽出した標本の平均値を **標本平均** という。

母集団の平均値と標本平均の関係について考えてみよう。

前のページの例 10 の母集団における，りんご 1 個あたりの重さの平均値は 301.5 g となる。一方，例 10 で求めた標本平均は 301.1 g である。

このとき，母集団の平均値から標本平均をひいた値は

$$301.5 - 301.1 = 0.4 \,(\text{g})$$

であり，標本平均は，母集団の平均値に近いことがわかる。したがって，標本平均から母集団の平均値を推定することができる。

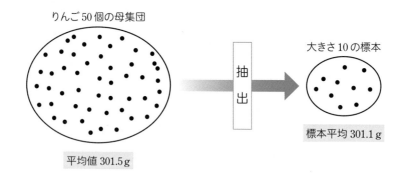

りんご 50 個の母集団

平均値 301.5 g

抽出

大きさ 10 の標本

標本平均 301.1 g

練習 27 前のページの例 10 の 50 個のりんごを母集団とし，無作為に 8 個のりんごを抽出したところ，標本のりんごの重さはそれぞれ次のようになった。（単位は g ）

> 299　300　316　279　311　284　316　311

(1) 抽出した 8 個のりんごの標本について，標本平均を求めなさい。

(2) 母集団の平均値から標本平均をひいた値を求めなさい。

標本調査を利用して，母集団の比率を推定する方法を考えよう。

例 11　袋の中に大きさが等しい白玉と黒玉が合計 200 個入っている。この袋の中の玉をよく混ぜてから 15 個の玉を取り出したところ，白玉が 6 個，黒玉が 9 個であった。

このとき，抽出した標本における白玉の割合は

$$\frac{6}{15}=\frac{2}{5}$$

このことから，母集団における白玉の割合も $\frac{2}{5}$ であると推定することができる。

合計 15 個
白玉 6 個
黒玉 9 個

白玉と黒玉の割合は
同じであると考える

合計 200 個
白玉 ？ 個
黒玉 ？ 個

よって，最初に袋の中に入っていた白玉の個数は，およそ

$$200\times\frac{2}{5}=80\text{（個）}\qquad\text{と考えられる。}$$

標本調査では，標本の大きさが大きいほど，標本の比率と母集団の比率が近い値をとると考えられる。

よって，標本調査では，標本の大きさをできるだけ大きくすると，よりよい精度で母集団の状況を推定することができる。

練習 28　袋の中に大きさが等しい白玉と黒玉が合計 300 個入っている。この袋の中の玉をよく混ぜてから 20 個の玉を取り出したところ，白玉が 13 個，黒玉が 7 個であった。このとき，最初に袋の中に入っていた白玉の個数を推定しなさい。

母集団の大きさが非常に大きい場合や，全数調査を行うことが現実的
でない場合は，標本調査を行って，母集団の状況を推定する。

標本調査を利用して，母集団の大きさを推定してみよう。

例題 **12** ある池にいる鯉の総数を推定するために，次のような調査を行った。

> [1] 池のあちこちから全部で 50 匹の鯉を捕獲し，それらに印をつけて，池に放した。
>
> [2] 2 週間後に，同じようにして池から全部で 80 匹の鯉を捕獲したところ，そのうちの 16 匹に印がついていた。

この結果から，池にいる鯉の総数を推定しなさい。

解答 池にいる鯉の総数をおよそ x 匹とする。

抽出した標本における印がついた鯉の割合は $\dfrac{16}{80} = \dfrac{1}{5}$

印をつけた鯉は全部で 50 匹であるから

$$\dfrac{50}{x} = \dfrac{1}{5}$$

$$x = 250$$

よって，池にいる鯉の総数は　およそ 250 匹　**答**

練習 **29** ある湖にいる魚の総数を推定するために，次のような調査を行った。

> [1] 湖のあちこちから全部で 100 匹の魚を捕獲し，それらに印をつけて，湖に放した。
>
> [2] 10 日後に，同じようにして湖から全部で 200 匹の魚を捕獲したところ，そのうちの 8 匹に印がついていた。

この結果から，湖にいる魚の総数を推定しなさい。

1 4個の数字 1, 2, 3, 4 から異なる 3 個を取り出して 3 桁の整数をつくる。このとき 340 より大きい数はいくつできるか答えなさい。

2 ある鉄道路線では，10 か所ある駅について，乗車駅と降車駅を明記した乗車券を発行している。乗車券は全部で何種類必要か答えなさい。

3 Ⓐ, Ⓑ, Ⓒ, Ⓓ, Ⓔ の 5 枚のカードを 1 列に並べる。
 (1) 並べ方の総数を求めなさい。
 (2) Ⓐ が左端になる並べ方の総数を求めなさい。

4 次の問いに答えなさい。
 (1) 24 人のクラスから，3 人の委員を選ぶ方法は何通りあるか。
 (2) 10 人のグループを 6 人と 4 人に分ける方法は何通りあるか。

5 2 個のさいころを同時に投げるとき，次の場合の確率を求めなさい。
 (1) 出る目の和が 5 の倍数である。　　(2) 出る目の積が 12 である。

6 3 枚の硬貨を同時に投げるとき，次の場合の確率を求めなさい。
 (1) 1 枚が表で，2 枚が裏となる。　　(2) 少なくとも 1 枚は表が出る。

7 次のそれぞれの調査は，全数調査と標本調査のどちらが適当であるか答えなさい。
 (1) 選挙における，各候補者の得票数の調査
 (2) 自動車の安全性を確かめるために，実際に衝突させて行う調査

第
6
章

1 Aさんが的にボールをあてるゲームをする。的にあたったら ○ を，はずれたら × を順に記録する。2球あたるか，または4球はずれた時点でゲームは終わる。このとき，○ と × の並び方は全部で何通りあるか答えなさい。

2 右の図のような正方形 ABCD の頂点Aに点Pがある。1個のさいころを2回投げて出た目の数の和だけ，P はAを出発して矢印の方向に進む。このとき，P が頂点Bにある確率を求めなさい。

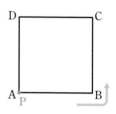

3 3本のあたりくじと3本のはずれくじからなる6本のくじから同時に2本引くとき，少なくとも1本があたりくじである確率を求めなさい。

4 袋の中に，5枚のカード ①，②，③，④，⑤ が入っている。
これらをよくかき混ぜてから，カードを1枚ずつ続けて2回取り出し，2枚のカードの数の積を考える。積が偶数となる確率を求めなさい。

5 赤玉3個，白玉1個，青玉1個の入った袋がある。この袋から同時に2個の玉を取り出して色を調べる。このとき，2個の玉の色が異なる確率を求めなさい。

6 袋の中に大きさが等しい白玉だけがたくさん入っている。その白玉と大きさが等しい赤玉100個を白玉の入っている袋の中に入れ，よくかき混ぜてから30個の玉を取り出したところ，赤玉が4個含まれていた。最初に袋の中に入っていた白玉の個数を推定しなさい。

7 A, B, C, D, E, F の6人が1列に並ぶとき，次のような並び方は何通りあるか求めなさい。

   (1) 左端にAとBが隣り合って並ぶ並び方

   (2) AとBが隣り合う並び方

8 右の図のように，東西に5本，南北に6本の道がある。次の問いに答えなさい。

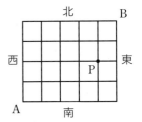

   (1) A地点からP地点まで遠回りしないで行く道順は，何通りあるか求めなさい。

   (2) A地点からB地点まで，Pを通って遠回りしないで行く道順は，何通りあるか求めなさい。

9 右の図のような正五角形 ABCDE の頂点Aに点Pがある。1個のさいころを投げて偶数の目が出れば，PはAを出発して矢印の方向に隣の頂点へ進み，奇数の目が出れば，動かずにとどまる。さいころを3回投げたとき，3点 A，B，Pを結んでできる図形が三角形となる確率を求めなさい。

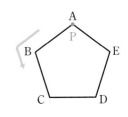

10 A，B，Cの3人で1回だけじゃんけんをする。次の問いに答えなさい。

   (1) 引き分けとなる確率を求めなさい。

   (2) 1人だけが勝つ確率を求めなさい。

1 はるさんとりつさんは，次の問題について話し合っている。

(ア)　n^2-1 を因数分解しなさい。

(イ)　$A=\dfrac{2}{1}\times\dfrac{4}{3}\times\dfrac{6}{5}\times\cdots\cdots\times\dfrac{48}{47}$ とする。A と 7 の大小を不等号を用いて表しなさい。

下の会話文を読み，あとの問いに答えなさい。

はるさん：(ア)は見たことがある式だよ。

りつさん：授業で習ったから，因数分解できるよ！

(1)　(ア)の問題を答えなさい。

はるさん：さすがりつさん！

　　　　　(イ)の問題を解くには，(ア)がヒントになるのかな？

　　　　　A のそれぞれの分数は，1 に近い数字が多いから，それらをすべてかけても，7 より大きくはならない気がするよ。

りつさん：まず，(ア)の式の n に具体的な数字を入れて考えてみよう。

$$1^2-1=(1+1)(1-1)=2\times0$$
$$2^2-1=(2+1)(2-1)=3\times1$$
$$3^2-1=(3+1)(3-1)=4\times2$$
$$4^2-1=(4+1)(4-1)=5\times3$$
$$\vdots$$
$$47^2-1=(47+1)(47-1)=48\times46$$
$$48^2-1=(48+1)(48-1)=49\times47$$

りつさん：あれ，もしかして……。次に，A を 2 乗してみようか。

$$A^2 = \frac{2^2}{1^2} \times \frac{4^2}{3^2} \times \frac{6^2}{5^2} \times \cdots\cdots \times \frac{48^2}{47^2}$$

はるさん：何がわかったの？

りつさん：A^2 のそれぞれの分子に注目してみると，下のような大小関係
　　　　　が設定できるよね。

$$2^2 > 2^2 - 1$$
$$4^2 > 4^2 - 1$$
$$6^2 > 6^2 - 1$$
$$\vdots$$

　　　　　これを A^2 のすべての分子に適用すると……。

$$A^2 = \frac{2^2}{1^2} \times \frac{4^2}{3^2} \times \frac{6^2}{5^2} \times \cdots\cdots \times \frac{48^2}{47^2}$$

$$> \frac{\boxed{}}{1^2} \times \frac{\boxed{}}{3^2} \times \frac{\boxed{}}{5^2} \times \cdots\cdots \times \frac{\boxed{}}{47^2}$$

$$= \boxed{①}$$

はるさん：すごい！㋐ を利用すると，$\boxed{①}$ は簡単な数字になるね。

　　　　　㋑ の答えはどうなるのかな？

りつさん：$A \boxed{②} 7$ になるよ。

(2)　$\boxed{①}$ にあてはまる数を答えなさい。

(3)　$\boxed{②}$ にあてはまる不等号を答えなさい。

2 千佳さんと汐里さんは，次の問題について話し合っている。

> 1 から 6 の目がそれぞれ 1 つずつ書かれた 3 個のさいころ A，B，C
> を 1 回ずつ投げて，出た目をそれぞれ a，b，c とし，多項式
> $M = ax^2 + bx + c$ をつくる。
> M が因数分解できる確率を求めなさい。

下の会話文を読み，あとの問いに答えなさい。

千佳さん：3 個のさいころの目の出方は，全部で ┌ ア ┐ 通りあるから，

全部を調べるのは大変です。

先生　　：たしかに大変ですね。何かよい案はありませんか？

汐里さん：まず $a=1$ の場合を調べてみたらどうでしょうか。

千佳さん：たとえば $b=4$ だったら，$M = x^2 + 4x + c$ だから……

$c =$ ┌　イ　┐ のとき因数分解ができます！

先生　　：$a=1$ のとき，M が因数分解できるなら，M は $(x+p)(x+q)$

という形に変形することができます。この式を展開して，x

について整理すると，┌　ウ　┐ となり，もとの M の

式と係数比較すると，2 つの条件式 ┌　エ　┐，

┌　オ　┐ が得られます。このように考えると，たしかに

$c =$ ┌ イ ┐ のときに因数分解ができると分かりますね。

汐里さん：a や b が他の値をとる場合も同じように考えてみます！

(1) ┌ ア ┐〜┌ オ ┐ にあてはまる数や式を答えなさい。

ただし，┌ イ ┐ には，あてはまる数すべてが入るものとする。

(2) M が因数分解できる確率を求めなさい。

3 (1) $3\sqrt{14}$ の整数部分の値を求めなさい。

(2) $2\sqrt{14}$ の小数第 1 位の値を求めるために，みほさんは次のように考えた。

> ┌─ みほさんの考え ─────────────────
>
> $2\sqrt{14}=\sqrt{56}$ であるから，$7^2<56<8^2$ より，$7<2\sqrt{14}<8$ である。
>
> また，$\dfrac{56-49}{64-49}=\dfrac{7}{15}$ であるから，56 は 49 から 64 の間を 15 等分
>
> したときの 7 つ目の値である。
>
> よって，$\dfrac{7}{15}=0.466\cdots\cdots$ であるから　　$2\sqrt{14}=7.466\cdots\cdots$
>
> したがって，小数第 1 位の値は　4
>
> └──────────────────────────

この考え方について，みほさんと裕太さんが話し合っている。

裕太さん：この考え方だと，$2\sqrt{14}=7+\dfrac{7}{15}=\dfrac{112}{15}$ ということになるけ

　　　　　ど，$2\sqrt{14}$ と $\dfrac{112}{15}$ は同じ値ではないからおかしいよ。

みほさん：整数部分を考えるときと同じようにできないかな？

裕太さん：$2\sqrt{14}$ を 10 倍した $20\sqrt{14}$ を考えると，$2\sqrt{14}$ の小数第 1 位

　　　　　の値は，$20\sqrt{14}$ の整数部分の一の位の値になるね！

裕太さんの考えを利用して，$2\sqrt{14}$ の小数第 1 位の値を求めなさい。

(3) $\dfrac{\sqrt{13}+\sqrt{15}}{2}$ と $\sqrt{14}$ はどちらが大きいか答えなさい。

4 放物線 $y=ax^2$ と直線 $y=px+q$ を，コンピュータのグラフ表示ソフトを用いて描画すると，下の図のようになった。a, p, q の下にある • を左に動かすと値が減少し，右に動かすと値が増加するようになっており，その値に対応してグラフの様子も変化する。どの値も 0 にしないこととし，次の問いに答えなさい。

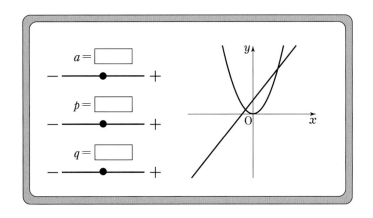

(1) 上の図のグラフのようになったとき，a, p, q, p^2+4aq の符号は正か負かそれぞれ答えなさい。

(2) a, p^2+4aq, pq の符号が，それぞれ負のときのグラフの様子を，右の図にかき入れなさい。

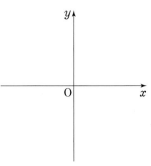

(3) 放物線 $y=ax^2$ と直線 $y=px+q$ の異なる 2 つの共有点が $x>0$, $y>0$ の範囲にあるとき，a, p, q, p^2+4aq の符号は正か負かそれぞれ答えなさい。

5 あるクラスで 10 点満点の数学のテストを行った。その結果を下の表のようにまとめたが，一部の数字が消えてしまった。

テストについて，

　　・全員の点数はすべて整数である。

　　・10 点満点だった生徒はいない。

ということがわかっているとき，次の問いに答えなさい。

階級（点）	度数（人）	累積相対度数
0 以上 2 未満		0.100
2 〜 4	7	
4 〜 6		0.500
6 〜 8		0.800
8 〜 10	8	1.000

(1)　テストを受けた人数を求めなさい。

(2)　第 1 四分位数として考えられる値をすべて答えなさい。

(3)　中央値として考えられる値をすべて答えなさい。

(4)　このテストは 1 問 2 点で，問題数は 5 問であることがわかった。全員の点数が偶数であるとき，箱ひげ図をかきなさい。ただし，0 点は偶数に含めるものとする。

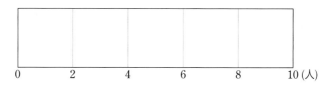

6 先生と清志さんは，次のようなトンネルを作るための条件について，話し合っている。

山にトンネルを通すことを考える。

山は真横から見ると，下の図のような放物線とみなすことができ，その式は $y=-x^2$ で表される。

このとき，山の高さは1であり，山のふもとをそれぞれ点 A，B，山頂を点Pとする。

トンネルは直線 $\ell : y=-\dfrac{1}{4}x+b$ と表され，点Pから線分 AB に下ろした垂線と交わるものとする。

また，トンネルには入り口と出口の2つが必要である。

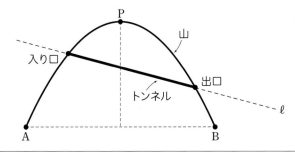

下の会話文を読み，あとの問いに答えなさい。

ただし，トンネルの幅や高さは考えないこととする。

先生　　：まずは，放物線 $y=-x^2$ の定義域を求めてみましょう。

清志さん：座標平面で考えると，点Pは頂点と一致しています。

　　　　　それに，山の高さは1だから，放物線 $y=-x^2$ の定義域は

　　　　　 ア $\leqq x \leqq$ イ です。

先生 ：では次に，トンネルを作るための条件は何でしょうか？

清志さん：「トンネルには入り口と出口の2つが必要である」とあります。
つまり，放物線と直線 ℓ は，放物線の定義域内で2つの共有点をもつということです。

先生 ：その通りです。では，その条件を数式に表してみましょう。

放物線 $y=-x^2$ と直線 $y=-\dfrac{1}{4}x+b$ の共有点について考えるときには，2次方程式 $x^2-\boxed{}=0$ の解を考えると解くことができますね。

清志さん：はい。その2次方程式の判別式Dは $\boxed{}$ です。

だから，$D\ \boxed{\text{オ}}\ 0$ のとき，放物線と直線 ℓ は2つの共有点をもちます。

先生 ：それだけでは，正しい条件とはいえません。それに加えて，放物線の定義域内で2つの共有点をもつ必要がありますよ。

清志さん：そうですね…。ということは，トンネルを作るための条件は，$\boxed{\text{カ}}\leqq b<\boxed{\text{キ}}$ です。

(1) $\boxed{\text{ア}}$，$\boxed{\text{イ}}$ にあてはまる数を答えなさい。

(2) $\boxed{\text{ウ}}$，$\boxed{\text{エ}}$ にあてはまる式を答えなさい。

(3) $\boxed{\text{オ}}$ にあてはまるものを $>$，$=$，$<$ から選びなさい。

(4) $\boxed{\text{カ}}$，$\boxed{\text{キ}}$ にあてはまる数を答えなさい。

勇樹さんと飛鳥さんは，次の問題について，それぞれ下のように解答した。

8人を，区別できない2つのテントに分けるとき，分け方は何通りあるか答えなさい。ただし，どちらのテントにも少なくとも1人は入るものとする。

勇樹さんの解答

それぞれのテントに入る人数は，次の通りである。

(1人，7人) (2人，6人) (3人，5人) (4人，4人)

片方のテントに入る人を選ぶことで，もう1つのテントに入る人が決まる。

よって ${}_8C_1 + {}_8C_2 + {}_8C_3 + {}_8C_4 = 8 + 28 + 56 + 70 = 162$（通り）

飛鳥さんの解答

2つのテントをA，Bと区別する。

8人がテントA，Bのどちらかに入る総数は $2^8 = 256$（通り）

ただし，誰も入らないテントがあってはいけないので，

「Aが0人」，「Bが0人」の場合の2通りをひくと

$$256 - 2 = 254（通り）$$

また，A，Bの区別をなくすと $254 \div 2 = 127$（通り）

勇樹さんと飛鳥さんの解答は，どちらかが正解である。どちらが正解しているか答えなさい。また，間違っている方の解答について誤りを指摘し，なぜ間違っているのかを説明しなさい。

答 と 略 解

確認問題，演習問題 A，演習問題 B の答です。[　] 内に，ヒントや略解を示しました。

第1章

確認問題　（$p.29$）

1 (1) $-2x^2+6xy-4x^2z$

(2) $-3a^3y+6axy-15ay$

(3) $1-3xy-4z^2$

(4) $-6a-18b+3bc$

2 (1) $a^2-ab-2b^2+3a+3b$

(2) $3a^2-2b^2-4c^2+5ab+9bc+ca$

3 (1) $x^2-10xy+21y^2$

(2) $4x^2+12xy+9y^2$

(3) $\dfrac{4}{9}x^2-2xy+\dfrac{9}{4}y^2$

(4) $25x^2-64y^2$

(5) $\dfrac{4}{25}a^2-\dfrac{9}{16}b^2$

4 (1) $-5xy(xz+3yz-2)$

(2) $(a+2b)(a-10b)$

(3) $(x-8y)(x+11y)$

(4) $3(x+3a)(x-5a)$

(5) $(x-10y)^2$

(6) $(7a+4b)^2$

(7) $(6a+5b)(6a-5b)$

(8) $2(3x+7y)(3x-7y)$

5 (1) $(x+2y)(3x+5y)$

(2) $(2a-b)(3a+2b)$

(3) $(3x-4y)(5x-2y)$

(4) $(4x^2+9)(2x+3)(2x-3)$

(5) $(3a-7b+5c)(3a-7b-5c)$

(6) $(x-2y-2)(x-2y+6)$

(7) $(x+y)(z-w)$

(8) $a(c-d)(x-b)$

6 4

演習問題A　（$p.30$）

1 (1) x^4-81　(2) x^8-256

(3) $a^4+10a^3+35a^2+50a+24$

(4) $x^4-2x^3-31x^2+32x+60$

2 (1) $(x^2+4y^2)(x+2y)(x-2y)$

(2) $(a+2)(a-2)(a+3)(a-3)$

(3) $(x+y-2)(x+y-3)$

3 (1) $-3xy$　(2) $-6x+3y+1$

(3) $\dfrac{32}{9}xy$　(4) $4bc$

4 -99　$[(2x+y)(x-3y)]$

5 -2　$[(a-b)^2-6(a-b)+3]$

6 [中央の数を $2n$ とすると，連続する 3 つの偶数は $2n-2$，$2n$，$2n+2$ と表される]

答と略解　**175**

7 (1) $(x+1)^2(x-1)(x+3)$

(2) $(x+y-z+1)(x-y+z+1)$

8 $\dfrac{50}{99}$

9 10

[$(xy-1)(x+y)=8$ より

$x+y=4$]

10 $\dfrac{82}{9}$

$\left[x-\dfrac{1}{x}=\dfrac{8}{3}$ の両辺を2乗する

と $x^2-2+\dfrac{1}{x^2}=\dfrac{64}{9}\right]$

11 (1) 2

(2) 6

12 $m=15,\ n=17$

[$n>m$ より $n-m=2$

$(n-m)(n+m)=64$ より

$n+m=32$]

13 [小さい方の整数を5でわったと

きの商を n（n は0以上の整数）

とすると，2つの整数の積は

$(5n+2)(5n+3)$

$\qquad =5(5n^2+5n+1)+1$

$5n^2+5n+1$ は整数であるから，

5でわったときの余りは1]

第2章

1 (1) ±8 (2) ±18 (3) $\pm\dfrac{7}{15}$

(4) ±1.6 (5) $\pm\sqrt{17}$

2 (1) 10 (2) -4 (3) $\dfrac{13}{7}$

(4) -0.2 (5) 11

3 (1) $\sqrt{70}$ (2) $\sqrt{150}$

(3) $\sqrt{\dfrac{20}{9}}$ (4) $\sqrt{\dfrac{175}{12}}$

4 (1) $\dfrac{2\sqrt{5}}{5}$ (2) $2\sqrt{21}$

(3) $\dfrac{\sqrt{5}+\sqrt{2}}{3}$

(4) $-2(\sqrt{7}+3)$

5 (1) $8\sqrt{2}$

(2) $19\sqrt{3}-9\sqrt{2}$

(3) $4\sqrt{10}-6$

(4) $\sqrt{2}+\dfrac{\sqrt{3}}{2}-\dfrac{\sqrt{6}}{2}$

(5) $24+5\sqrt{5}$

(6) $98-40\sqrt{6}$

6 $a=7$

7 3

8 (1) $-\dfrac{1}{225}$ (2) $\dfrac{1}{700}$

(*p.* 60)

1 $5\sqrt{2}+2$

2 (1) $-6\sqrt{3}$　　(2) $\sqrt{2}$

　　(3) $\dfrac{\sqrt{3}}{3}$　　(4) 9

　　(5) $2\sqrt{5}$　　(6) $4\sqrt{3}$

3 $x<\sqrt{2}$

4 24

　　[$a-b=2\sqrt{3}$ の両辺を2乗する

　　と　　　　$a^2-2ab+b^2=12$

　　よって　　$a^2+b^2=18$]

5 $n=4,\ 5,\ 6,\ 7$

6 (1) ②　　(2) ①　　(3) ①

　　(4) ④　　(5) ③　　(6) ④

　　(7) ③　　(8) ①　　(9) ①

7 (1) 3.6731×10^3

　　(2) $6.9\times\dfrac{1}{10^2}$

(*p.* 61)

8 (1) 正しい

　　(2) 正しくない

　　(3) 正しい

　　(4) 正しくない

　　(5) 正しくない

　　(6) 正しくない

　　(7) 正しい

　　(8) 正しくない

9 (1) $2\sqrt{7}$　　(2) 2

　　(3) 24　　(4) 12

10 $1,\ 6,\ 9,\ 10$

　　[n は自然数であるから

　　　　　　$0\leqq 10-n\leqq 9$

　　よって　　$0\leqq\sqrt{10-n}\leqq 3$]

11 $7\leqq x<10$

12 6

13 (1) $x=\sqrt{2}\,,\ y=-3$

　　(2) $x=\sqrt{3}+\sqrt{5}\,,\ y=\sqrt{5}-\sqrt{3}$

14 (1) $1,\ 3$

　　(2) 1.3×10^8 人

（$p.81$）

1 (1) $x=\pm12$

(2) $x=\pm6$

(3) $t=-3,\ 7$

(4) $x=9,\ \dfrac{3}{4}$

(5) $x=3,\ 5$

(6) $x=-3$

(7) $x=13,\ -7$

(8) $p=-\dfrac{1}{2},\ -\dfrac{9}{2}$

(9) $x=\dfrac{1\pm\sqrt{29}}{2}$

(10) $x=\dfrac{-5\pm\sqrt{17}}{2}$

(11) $a=-2\pm\sqrt{5}$

(12) $x=\dfrac{7\pm7\sqrt{3}}{2}$

(13) $x=-2,\ 8$

(14) $x=3,\ -4$

(15) $x=0,\ -3$

(16) $x=\dfrac{3\pm\sqrt{17}}{2}$

2 $a=0,\ \dfrac{7}{6}$

3 (1) 2 個　　(2) 0 個

4 $x=5$

$[(x+4)^2-53=4(x+2)]$

5 5 cm

6 96 cm^2

[長方形の縦の長さを x cm とす

ると

$x^2+(20-x)^2=2x(20-x)+16]$

（$p.82$）

1 (1) $x=\dfrac{3\pm\sqrt{5}}{2}$

(2) $x=-1,\ 5$

(3) $x=2,\ \dfrac{4}{3}$

(4) $x=2+\sqrt{3},\ -\dfrac{1}{2}+\sqrt{3}$

2 $a=6$，もう 1 つの解 $x=-4$

3 $a=-2,\ b=-24$

$[x^2-6x-16=0$ の 2 つの解か

ら，それぞれ 2 をひいた数が，

$x^2+ax+b=0$ の 2 つの解]

4 $4+\sqrt{2}$

$[a=1+\sqrt{2}\,]$

5 9，10，11

6 $\dfrac{7+\sqrt{61}}{2}$ cm

7 6 m

8 12

[a, b は $x^2-6x+4=0$ の解で
あるから
$a^2-6a+4=0$, $b^2-6b+4=0$]

9 (1) $m<1$

(2) $m=1$

[① の判別式を D とすると
$D=(-2)^2-4\times1\times m=4-4m$

(1) $D>0$

(2) $D=0$]

10 (1) $\dfrac{100-x}{5}$ g

(2) $x=50$

[1回の操作で, 食塩水に含まれ
る食塩の量は $\dfrac{100-x}{100}$ 倍になる]

11 (1) $2a+4$

(2) $a=3$

[(1) まず, 点Bの x 座標から,
点Aの y 座標を求める。
BC＝AB＝(点Aの y 座標) より,
点Cの x 座標, すなわち点Eの
x 座標を求める

(2) $2a^2+6a+6=42$]

第4章

1 (ア) $-\dfrac{5}{2}$　　(イ) -10

(ウ) 4

2 (1) 8

(2) 最大値 $\dfrac{9}{2}$, 最小値 0

3 $n=-2$, -1, 0

4 $a=-3$

5 (1) $a=\dfrac{1}{2}$　　(2) $y=-x+4$

(3) 8　　　　　(4) 12

(5) $y=-\dfrac{3}{2}x+2$

[(5) Aを通り, △AOC の面積
を2等分する直線は, 線分 OC
の中点を通る]

1 $a=\dfrac{4}{3}$, $b=\dfrac{4}{3}$

2 $a=1$

3 (1) 48　　(2) $-3\sqrt{2}$, $3\sqrt{2}$

[(2) △OPB＝2△OAB になる
のは, △OPB の高さが △OAB
の高さの2倍になるときである]

4 (1) $(2a,\ 4a^2)$

(2) $3a^3$

(3) $a=\dfrac{1}{3}$

演習問題B （$p.111$）

5 $m=-16$

[放物線と直線の共有点がただ1
つになるためには，放物線の式
と直線の式から y を消去した x
の2次方程式が $(ax+b)^2=0$ の
形になればよい。

$(x-4)^2-16-m=0$ より

$\qquad -16-m=0$

または，$p.77$ の判別式の考えを
利用する]

6 (1) $y=x+8$

(2) 48

(3) $\dfrac{2048}{3}\pi$

[(3) x 軸を回転の軸として，
△AOC を1回転させてできる立
体は，半径16の円を底面とする
高さ16の円錐から，半径16の
円を底面とする高さ8の円錐を
除いたものである]

7 (1) $y=\begin{cases} 3x^2 & (0\leqq x\leqq 2) \\ 6x & (2\leqq x\leqq 6) \\ 144-18x & (6\leqq x\leqq 8) \end{cases}$

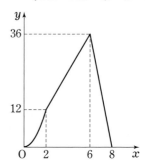

(2) $\sqrt{3}$ 秒後と $\dfrac{15}{2}$ 秒後

(3) $a=\dfrac{27}{5}$

[(1) 点Pが辺 AB 上，辺 BC 上，
辺 CD 上にあるときの3つの場
合に分けて，y を x の式で表す

(3) 2秒後に面積が減っている
ような x の値の範囲は

$4\leqq x\leqq 6$]

第5章

確認問題 （*p*.129, 130）

1 (1)

階級 （m）	度数 （人）
10 以上 12 未満	1
12 ～ 14	3
14 ～ 16	8
16 ～ 18	10
18 ～ 20	3
20 ～ 22	5
計	30

(2)

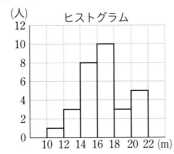

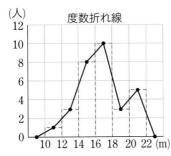

(3) 0.27

2 (1)

階級 （kg）	累積度数 （人）	累積 相対度数
15 以上 20 未満	6	0.12
20 ～ 25	14	0.28
25 ～ 30	26	0.52
30 ～ 35	39	0.78
35 ～ 40	46	0.92
40 ～ 45	50	1.00
計		

(2) 52 %

3 (1) 21 cm　(2) 44.5 cm

(3)

階級 （cm）	度数 （人）
30 以上 34 未満	1
34 ～ 38	3
38 ～ 42	3
42 ～ 46	5
46 ～ 50	6
50 ～ 54	2
計	20

(4) 最頻値は 48 cm,

　　平均値は 43.6 cm

4 (1) 第 1 四分位数は 19.5 個,

　　第 3 四分位数は 30.5 個

(2) 第 1 四分位数は 13 個,

　　第 3 四分位数は 34 個

(3) 商品Aは 11 個,

　　商品Bは 21 個

(4) 商品B

演習問題A （*p*. 131）

1 ②, ④

2 ②

[第1四分位数は 10.05°C,
第2四分位数は 17.65°C,
第3四分位数は 25.1°C]

演習問題B （*p*. 132）

3 (1) 62.9 点

(2) 62 点以上 65.5 点以下

[(2) 20 人の点数の中央値は, デ
ータを小さい順に並べたとき,
10 番目と 11 番目の値の平均値
である]

4 ②, ③

第6章

確認問題 （*p*. 163）

1 8 個

2 90 種類

3 (1) 120 通り

(2) 24 通り

4 (1) 2024 通り

(2) 210 通り

5 (1) $\dfrac{7}{36}$

(2) $\dfrac{1}{9}$

6 (1) $\dfrac{3}{8}$

(2) $\dfrac{7}{8}$

7 (1) 全数調査

(2) 標本調査

演習問題A （*p*. 164）

1 15 通り

2 $\dfrac{2}{9}$

[出る目の和が 5 のときと 9 のと
きを考える]

3 $\dfrac{4}{5}$

4 $\dfrac{7}{10}$

5 $\dfrac{7}{10}$

[赤玉を1個，白玉を1個取り出す方法の総数は　$3 \times 1 = 3$

同様に，「赤玉を1個，青玉を1個取り出す方法」，

「白玉を1個，青玉を1個取り出す方法」の総数を考える]

6 およそ650個

演習問題B　（$p.165$）

7 (1)　48 通り

(2)　240 通り

[(1)　A，B以外の4人の並び方は 4! 通り。これは，AとBの並び方が逆になっても同じである

(2)　AとBをまとめて1人とし，5人の並び方の総数を考える]

8 (1)　15 通り

(2)　45 通り

9 $\dfrac{1}{2}$

10 (1)　$\dfrac{1}{3}$

(2)　$\dfrac{1}{3}$

総合問題

1 (1)　$(n+1)(n-1)$

(2)　49

(3)　$>$

2 (1)　(ア)　216　　(イ)　3, 4

(ウ)　$x^2 + (p+q)x + pq$

(エ)　$b = p + q$

(オ)　$c = pq$

　　　（エ，オは順不同）

(2)　$\dfrac{5}{54}$

3 (1)　11

(2)　4

(3)　$\sqrt{14}$ の方が大きい

[(3)　$\dfrac{\sqrt{13} + \sqrt{15}}{2}$ と $\sqrt{14}$ を，それぞれ2倍したものを2乗すると

$(\sqrt{13} + \sqrt{15})^2 = 28 + \sqrt{780}$

$(2\sqrt{14})^2 = 56$]

4 (1)　a：正，p：正，q：正，

$p^2 + 4aq$：正

(2)

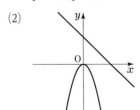

(3) a：正，p：正，q：負，
p^2+4aq：正

[(2) $p<0$，$q>0$]

5 (1) 40 人

(2) 2 点，2.5 点，3 点

(3) 5 点，5.5 点，6 点

(4)
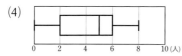

[(2) 第 1 四分位数は，データを
小さい順に並べたとき，10 番目
と 11 番目の平均値である

(3) 中央値は，データを小さい
順に並べたとき，20 番目と 21 番
目の平均値である]

6 (1) (ア) -1　(イ) 1

(2) (ウ) $\dfrac{1}{4}x+b$

(エ) $\dfrac{1}{16}-4b$

(3) ＞

(4) (カ) $-\dfrac{3}{4}$

(キ) $\dfrac{1}{64}$

[(4) 判別式 D は，$D>0$ である
から　　$\dfrac{1}{16}-4b>0$

さらに，定義域内で放物線と直
線 ℓ が 2 つの共通点をもつとき，
b の値が最も小さいのは，直線
ℓ が点Bを通るときである]

7 正解しているのは飛鳥さん

[勇樹さんの解答は，それぞれの
テントに入る人数が（4 人，4 人）
の場合の組合せを ${}_8C_4$ としてし
まったことが誤りで，$\dfrac{{}_8C_4}{2}$ とし
なければならない]

さくいん

平 方 根 表 (1)

数	0	1	2	3	4	5	6	7	8	9
1.0	1.000	1.005	1.010	1.015	1.020	1.025	1.030	1.034	1.039	1.044
1.1	1.049	1.054	1.058	1.063	1.068	1.072	1.077	1.082	1.086	1.091
1.2	1.095	1.100	1.105	1.109	1.114	1.118	1.122	1.127	1.131	1.136
1.3	1.140	1.145	1.149	1.153	1.158	1.162	1.166	1.170	1.175	1.179
1.4	1.183	1.187	1.192	1.196	1.200	1.204	1.208	1.212	1.217	1.221
1.5	1.225	1.229	1.233	1.237	1.241	1.245	1.249	1.253	1.257	1.261
1.6	1.265	1.269	1.273	1.277	1.281	1.285	1.288	1.292	1.296	1.300
1.7	1.304	1.308	1.311	1.315	1.319	1.323	1.327	1.330	1.334	1.338
1.8	1.342	1.345	1.349	1.353	1.356	1.360	1.364	1.367	1.371	1.375
1.9	1.378	1.382	1.386	1.389	1.393	1.396	1.400	1.404	1.407	1.411
2.0	1.414	1.418	1.421	1.425	1.428	1.432	1.435	1.439	1.442	1.446
2.1	1.449	1.453	1.456	1.459	1.463	1.466	1.470	1.473	1.476	1.480
2.2	1.483	1.487	1.490	1.493	1.497	1.500	1.503	1.507	1.510	1.513
2.3	1.517	1.520	1.523	1.526	1.530	1.533	1.536	1.539	1.543	1.546
2.4	1.549	1.552	1.556	1.559	1.562	1.565	1.568	1.572	1.575	1.578
2.5	1.581	1.584	1.587	1.591	1.594	1.597	1.600	1.603	1.606	1.609
2.6	1.612	1.616	1.619	1.622	1.625	1.628	1.631	1.634	1.637	1.640
2.7	1.643	1.646	1.649	1.652	1.655	1.658	1.661	1.664	1.667	1.670
2.8	1.673	1.676	1.679	1.682	1.685	1.688	1.691	1.694	1.697	1.700
2.9	1.703	1.706	1.709	1.712	1.715	1.718	1.720	1.723	1.726	1.729
3.0	1.732	1.735	1.738	1.741	1.744	1.746	1.749	1.752	1.755	1.758
3.1	1.761	1.764	1.766	1.769	1.772	1.775	1.778	1.780	1.783	1.786
3.2	1.789	1.792	1.794	1.797	1.800	1.803	1.806	1.808	1.811	1.814
3.3	1.817	1.819	1.822	1.825	1.828	1.830	1.833	1.836	1.838	1.841
3.4	1.844	1.847	1.849	1.852	1.855	1.857	1.860	1.863	1.865	1.868
3.5	1.871	1.873	1.876	1.879	1.881	1.884	1.887	1.889	1.892	1.895
3.6	1.897	1.900	1.903	1.905	1.908	1.910	1.913	1.916	1.918	1.921
3.7	1.924	1.926	1.929	1.931	1.934	1.936	1.939	1.942	1.944	1.947
3.8	1.949	1.952	1.954	1.957	1.960	1.962	1.965	1.967	1.970	1.972
3.9	1.975	1.977	1.980	1.982	1.985	1.987	1.990	1.992	1.995	1.997
4.0	2.000	2.002	2.005	2.007	2.010	2.012	2.015	2.017	2.020	2.022
4.1	2.025	2.027	2.030	2.032	2.035	2.037	2.040	2.042	2.045	2.047
4.2	2.049	2.052	2.054	2.057	2.059	2.062	2.064	2.066	2.069	2.071
4.3	2.074	2.076	2.078	2.081	2.083	2.086	2.088	2.090	2.093	2.095
4.4	2.098	2.100	2.102	2.105	2.107	2.110	2.112	2.114	2.117	2.119
4.5	2.121	2.124	2.126	2.128	2.131	2.133	2.135	2.138	2.140	2.142
4.6	2.145	2.147	2.149	2.152	2.154	2.156	2.159	2.161	2.163	2.166
4.7	2.168	2.170	2.173	2.175	2.177	2.179	2.182	2.184	2.186	2.189
4.8	2.191	2.193	2.195	2.198	2.200	2.202	2.205	2.207	2.209	2.211
4.9	2.214	2.216	2.218	2.220	2.223	2.225	2.227	2.229	2.232	2.234
5.0	2.236	2.238	2.241	2.243	2.245	2.247	2.249	2.252	2.254	2.256
5.1	2.258	2.261	2.263	2.265	2.267	2.269	2.272	2.274	2.276	2.278
5.2	2.280	2.283	2.285	2.287	2.289	2.291	2.293	2.296	2.298	2.300
5.3	2.302	2.304	2.307	2.309	2.311	2.313	2.315	2.317	2.319	2.322
5.4	2.324	2.326	2.328	2.330	2.332	2.335	2.337	2.339	2.341	2.343

平 方 根 表（2）

数	0	1	2	3	4	5	6	7	8	9
5.5	2.345	2.347	2.349	2.352	2.354	2.356	2.358	2.360	2.362	2.364
5.6	2.366	2.369	2.371	2.373	2.375	2.377	2.379	2.381	2.383	2.385
5.7	2.387	2.390	2.392	2.394	2.396	2.398	2.400	2.402	2.404	2.406
5.8	2.408	2.410	2.412	2.415	2.417	2.419	2.421	2.423	2.425	2.427
5.9	2.429	2.431	2.433	2.435	2.437	2.439	2.441	2.443	2.445	2.447
6.0	2.449	2.452	2.454	2.456	2.458	2.460	2.462	2.464	2.466	2.468
6.1	2.470	2.472	2.474	2.476	2.478	2.480	2.482	2.484	2.486	2.488
6.2	2.490	2.492	2.494	2.496	2.498	2.500	2.502	2.504	2.506	2.508
6.3	2.510	2.512	2.514	2.516	2.518	2.520	2.522	2.524	2.526	2.528
6.4	2.530	2.532	2.534	2.536	2.538	2.540	2.542	2.544	2.546	2.548
6.5	2.550	2.551	2.553	2.555	2.557	2.559	2.561	2.563	2.565	2.567
6.6	2.569	2.571	2.573	2.575	2.577	2.579	2.581	2.583	2.585	2.587
6.7	2.588	2.590	2.592	2.594	2.596	2.598	2.600	2.602	2.604	2.606
6.8	2.608	2.610	2.612	2.613	2.615	2.617	2.619	2.621	2.623	2.625
6.9	2.627	2.629	2.631	2.632	2.634	2.636	2.638	2.640	2.642	2.644
7.0	2.646	2.648	2.650	2.651	2.653	2.655	2.657	2.659	2.661	2.663
7.1	2.665	2.666	2.668	2.670	2.672	2.674	2.676	2.678	2.680	2.681
7.2	2.683	2.685	2.687	2.689	2.691	2.693	2.694	2.696	2.698	2.700
7.3	2.702	2.704	2.706	2.707	2.709	2.711	2.713	2.715	2.717	2.718
7.4	2.720	2.722	2.724	2.726	2.728	2.729	2.731	2.733	2.735	2.737
7.5	2.739	2.740	2.742	2.744	2.746	2.748	2.750	2.751	2.753	2.755
7.6	2.757	2.759	2.760	2.762	2.764	2.766	2.768	2.769	2.771	2.773
7.7	2.775	2.777	2.778	2.780	2.782	2.784	2.786	2.787	2.789	2.791
7.8	2.793	2.795	2.796	2.798	2.800	2.802	2.804	2.805	2.807	2.809
7.9	2.811	2.812	2.814	2.816	2.818	2.820	2.821	2.823	2.825	2.827
8.0	2.828	2.830	2.832	2.834	2.835	2.837	2.839	2.841	2.843	2.844
8.1	2.846	2.848	2.850	2.851	2.853	2.855	2.857	2.858	2.860	2.862
8.2	2.864	2.865	2.867	2.869	2.871	2.872	2.874	2.876	2.877	2.879
8.3	2.881	2.883	2.884	2.886	2.888	2.890	2.891	2.893	2.895	2.897
8.4	2.898	2.900	2.902	2.903	2.905	2.907	2.909	2.910	2.912	2.914
8.5	2.915	2.917	2.919	2.921	2.922	2.924	2.926	2.927	2.929	2.931
8.6	2.933	2.934	2.936	2.938	2.939	2.941	2.943	2.944	2.946	2.948
8.7	2.950	2.951	2.953	2.955	2.956	2.958	2.960	2.961	2.963	2.965
8.8	2.966	2.968	2.970	2.972	2.973	2.975	2.977	2.978	2.980	2.982
8.9	2.983	2.985	2.987	2.988	2.990	2.992	2.993	2.995	2.997	2.998
9.0	3.000	3.002	3.003	3.005	3.007	3.008	3.010	3.012	3.013	3.015
9.1	3.017	3.018	3.020	3.022	3.023	3.025	3.027	3.028	3.030	3.032
9.2	3.033	3.035	3.036	3.038	3.040	3.041	3.043	3.045	3.046	3.048
9.3	3.050	3.051	3.053	3.055	3.056	3.058	3.059	3.061	3.063	3.064
9.4	3.066	3.068	3.069	3.071	3.072	3.074	3.076	3.077	3.079	3.081
9.5	3.082	3.084	3.085	3.087	3.089	3.090	3.092	3.094	3.095	3.097
9.6	3.098	3.100	3.102	3.103	3.105	3.106	3.108	3.110	3.111	3.113
9.7	3.114	3.116	3.118	3.119	3.121	3.122	3.124	3.126	3.127	3.129
9.8	3.130	3.132	3.134	3.135	3.137	3.138	3.140	3.142	3.143	3.145
9.9	3.146	3.148	3.150	3.151	3.153	3.154	3.156	3.158	3.159	3.161

平 方 根 表 (3)

数	0	1	2	3	4	5	6	7	8	9
10	3.162	3.178	3.194	3.209	3.225	3.240	3.256	3.271	3.286	3.302
11	3.317	3.332	3.347	3.362	3.376	3.391	3.406	3.421	3.435	3.450
12	3.464	3.479	3.493	3.507	3.521	3.536	3.550	3.564	3.578	3.592
13	3.606	3.619	3.633	3.647	3.661	3.674	3.688	3.701	3.715	3.728
14	3.742	3.755	3.768	3.782	3.795	3.808	3.821	3.834	3.847	3.860
15	3.873	3.886	3.899	3.912	3.924	3.937	3.950	3.962	3.975	3.987
16	4.000	4.012	4.025	4.037	4.050	4.062	4.074	4.087	4.099	4.111
17	4.123	4.135	4.147	4.159	4.171	4.183	4.195	4.207	4.219	4.231
18	4.243	4.254	4.266	4.278	4.290	4.301	4.313	4.324	4.336	4.347
19	4.359	4.370	4.382	4.393	4.405	4.416	4.427	4.438	4.450	4.461
20	4.472	4.483	4.494	4.506	4.517	4.528	4.539	4.550	4.561	4.572
21	4.583	4.593	4.604	4.615	4.626	4.637	4.648	4.658	4.669	4.680
22	4.690	4.701	4.712	4.722	4.733	4.743	4.754	4.764	4.775	4.785
23	4.796	4.806	4.817	4.827	4.837	4.848	4.858	4.868	4.879	4.889
24	4.899	4.909	4.919	4.930	4.940	4.950	4.960	4.970	4.980	4.990
25	5.000	5.010	5.020	5.030	5.040	5.050	5.060	5.070	5.079	5.089
26	5.099	5.109	5.119	5.128	5.138	5.148	5.158	5.167	5.177	5.187
27	5.196	5.206	5.215	5.225	5.235	5.244	5.254	5.263	5.273	5.282
28	5.292	5.301	5.310	5.320	5.329	5.339	5.348	5.357	5.367	5.376
29	5.385	5.394	5.404	5.413	5.422	5.431	5.441	5.450	5.459	5.468
30	5.477	5.486	5.495	5.505	5.514	5.523	5.532	5.541	5.550	5.559
31	5.568	5.577	5.586	5.595	5.604	5.612	5.621	5.630	5.639	5.648
32	5.657	5.666	5.675	5.683	5.692	5.701	5.710	5.718	5.727	5.736
33	5.745	5.753	5.762	5.771	5.779	5.788	5.797	5.805	5.814	5.822
34	5.831	5.840	5.848	5.857	5.865	5.874	5.882	5.891	5.899	5.908
35	5.916	5.925	5.933	5.941	5.950	5.958	5.967	5.975	5.983	5.992
36	6.000	6.008	6.017	6.025	6.033	6.042	6.050	6.058	6.066	6.075
37	6.083	6.091	6.099	6.107	6.116	6.124	6.132	6.140	6.148	6.156
38	6.164	6.173	6.181	6.189	6.197	6.205	6.213	6.221	6.229	6.237
39	6.245	6.253	6.261	6.269	6.277	6.285	6.293	6.301	6.309	6.317
40	6.325	6.332	6.340	6.348	6.356	6.364	6.372	6.380	6.387	6.395
41	6.403	6.411	6.419	6.427	6.434	6.442	6.450	6.458	6.465	6.473
42	6.481	6.488	6.496	6.504	6.512	6.519	6.527	6.535	6.542	6.550
43	6.557	6.565	6.573	6.580	6.588	6.595	6.603	6.611	6.618	6.626
44	6.633	6.641	6.648	6.656	6.663	6.671	6.678	6.686	6.693	6.701
45	6.708	6.716	6.723	6.731	6.738	6.745	6.753	6.760	6.768	6.775
46	6.782	6.790	6.797	6.804	6.812	6.819	6.826	6.834	6.841	6.848
47	6.856	6.863	6.870	6.877	6.885	6.892	6.899	6.907	6.914	6.921
48	6.928	6.935	6.943	6.950	6.957	6.964	6.971	6.979	6.986	6.993
49	7.000	7.007	7.014	7.021	7.029	7.036	7.043	7.050	7.057	7.064
50	7.071	7.078	7.085	7.092	7.099	7.106	7.113	7.120	7.127	7.134
51	7.141	7.148	7.155	7.162	7.169	7.176	7.183	7.190	7.197	7.204
52	7.211	7.218	7.225	7.232	7.239	7.246	7.253	7.259	7.266	7.273
53	7.280	7.287	7.294	7.301	7.308	7.314	7.321	7.328	7.335	7.342
54	7.348	7.355	7.362	7.369	7.376	7.382	7.389	7.396	7.403	7.409

平 方 根 表 (4)

数	0	1	2	3	4	5	6	7	8	9
55	7.416	7.423	7.430	7.436	7.443	7.450	7.457	7.463	7.470	7.477
56	7.483	7.490	7.497	7.503	7.510	7.517	7.523	7.530	7.537	7.543
57	7.550	7.556	7.563	7.570	7.576	7.583	7.589	7.596	7.603	7.609
58	7.616	7.622	7.629	7.635	7.642	7.649	7.655	7.662	7.668	7.675
59	7.681	7.688	7.694	7.701	7.707	7.714	7.720	7.727	7.733	7.740
60	7.746	7.752	7.759	7.765	7.772	7.778	7.785	7.791	7.797	7.804
61	7.810	7.817	7.823	7.829	7.836	7.842	7.849	7.855	7.861	7.868
62	7.874	7.880	7.887	7.893	7.899	7.906	7.912	7.918	7.925	7.931
63	7.937	7.944	7.950	7.956	7.962	7.969	7.975	7.981	7.987	7.994
64	8.000	8.006	8.012	8.019	8.025	8.031	8.037	8.044	8.050	8.056
65	8.062	8.068	8.075	8.081	8.087	8.093	8.099	8.106	8.112	8.118
66	8.124	8.130	8.136	8.142	8.149	8.155	8.161	8.167	8.173	8.179
67	8.185	8.191	8.198	8.204	8.210	8.216	8.222	8.228	8.234	8.240
68	8.246	8.252	8.258	8.264	8.270	8.276	8.283	8.289	8.295	8.301
69	8.307	8.313	8.319	8.325	8.331	8.337	8.343	8.349	8.355	8.361
70	8.367	8.373	8.379	8.385	8.390	8.396	8.402	8.408	8.414	8.420
71	8.426	8.432	8.438	8.444	8.450	8.456	8.462	8.468	8.473	8.479
72	8.485	8.491	8.497	8.503	8.509	8.515	8.521	8.526	8.532	8.538
73	8.544	8.550	8.556	8.562	8.567	8.573	8.579	8.585	8.591	8.597
74	8.602	8.608	8.614	8.620	8.626	8.631	8.637	8.643	8.649	8.654
75	8.660	8.666	8.672	8.678	8.683	8.689	8.695	8.701	8.706	8.712
76	8.718	8.724	8.729	8.735	8.741	8.746	8.752	8.758	8.764	8.769
77	8.775	8.781	8.786	8.792	8.798	8.803	8.809	8.815	8.820	8.826
78	8.832	8.837	8.843	8.849	8.854	8.860	8.866	8.871	8.877	8.883
79	8.888	8.894	8.899	8.905	8.911	8.916	8.922	8.927	8.933	8.939
80	8.944	8.950	8.955	8.961	8.967	8.972	8.978	8.983	8.989	8.994
81	9.000	9.006	9.011	9.017	9.022	9.028	9.033	9.039	9.044	9.050
82	9.055	9.061	9.066	9.072	9.077	9.083	9.088	9.094	9.099	9.105
83	9.110	9.116	9.121	9.127	9.132	9.138	9.143	9.149	9.154	9.160
84	9.165	9.171	9.176	9.182	9.187	9.192	9.198	9.203	9.209	9.214
85	9.220	9.225	9.230	9.236	9.241	9.247	9.252	9.257	9.263	9.268
86	9.274	9.279	9.284	9.290	9.295	9.301	9.306	9.311	9.317	9.322
87	9.327	9.333	9.338	9.343	9.349	9.354	9.359	9.365	9.370	9.375
88	9.381	9.386	9.391	9.397	9.402	9.407	9.413	9.418	9.423	9.429
89	9.434	9.439	9.445	9.450	9.455	9.460	9.466	9.471	9.476	9.482
90	9.487	9.492	9.497	9.503	9.508	9.513	9.518	9.524	9.529	9.534
91	9.539	9.545	9.550	9.555	9.560	9.566	9.571	9.576	9.581	9.586
92	9.592	9.597	9.602	9.607	9.612	9.618	9.623	9.628	9.633	9.638
93	9.644	9.649	9.654	9.659	9.664	9.670	9.675	9.680	9.685	9.690
94	9.695	9.701	9.706	9.711	9.716	9.721	9.726	9.731	9.737	9.742
95	9.747	9.752	9.757	9.762	9.767	9.772	9.778	9.783	9.788	9.793
96	9.798	9.803	9.808	9.813	9.818	9.823	9.829	9.834	9.839	9.844
97	9.849	9.854	9.859	9.864	9.869	9.874	9.879	9.884	9.889	9.894
98	9.899	9.905	9.910	9.915	9.920	9.925	9.930	9.935	9.940	9.945
99	9.950	9.955	9.960	9.965	9.970	9.975	9.980	9.985	9.990	9.995

乱　数　表

1	67 11	09 48	96 29	94 59	84 41		68 38	04 13	86 91	02 19	85 28
2	67 41	90 15	23 62	54 49	02 06		93 25	55 49	06 96	52 31	40 59
3	78 26	74 41	76 43	35 32	07 59		86 92	06 45	95 25	10 94	20 44
4	32 19	10 89	41 50	09 06	16 28		87 51	38 88	43 13	77 46	77 53
5	45 72	14 75	08 16	48 99	17 64		62 80	58 20	57 37	16 94	72 62
6	74 93	17 80	38 45	17 17	73 11		99 43	52 38	78 21	82 03	78 27
7	54 32	82 40	74 47	94 68	61 71		48 87	17 45	15 07	43 24	82 16
8	34 18	43 76	96 49	68 55	22 20		78 08	74 28	25 29	29 79	18 33
9	04 70	61 78	89 70	52 36	26 04		13 70	60 50	24 72	84 57	00 49
10	38 69	83 65	75 38	85 58	51 23		22 91	13 54	24 25	58 20	02 83
11	05 89	66 75	80 83	75 71	64 62		17 55	03 30	03 86	34 96	35 93
12	97 11	78 69	79 79	06 98	73 35		29 06	91 56	12 23	06 04	69 67
13	23 04	34 39	70 34	62 30	91 00		09 66	42 03	55 48	78 18	24 02
14	32 88	65 68	80 00	66 49	22 70		90 18	88 22	10 49	46 51	46 12
15	67 33	08 69	09 12	32 93	06 22		97 71	78 47	21 29	70 29	73 60
16	81 87	77 79	39 86	35 90	84 17		83 19	21 21	49 16	05 71	21 60
17	77 53	75 79	16 52	57 36	76 20		59 46	50 05	65 07	47 06	64 27
18	57 89	89 98	26 10	16 44	68 89		71 33	78 48	44 89	27 04	09 74
19	25 67	87 71	50 46	84 98	62 41		85 51	29 07	12 35	97 77	01 81
20	50 51	45 14	61 58	79 12	88 21		09 02	60 91	20 80	18 67	36 15
21	30 88	39 88	37 27	98 23	00 56		46 67	14 88	18 19	97 78	47 20
22	60 49	39 06	59 20	04 44	52 40		23 22	51 96	84 22	14 97	48 08
23	36 45	19 52	10 42	83 86	78 87		30 00	39 04	30 38	06 92	41 51
24	45 71	08 61	71 33	00 87	82 21		35 63	46 07	03 56	48 94	36 04
25	69 63	12 03	07 91	34 05	01 27		51 94	90 01	10 22	41 50	50 56
26	41 82	06 87	49 22	16 34	03 13		20 02	31 13	03 92	86 49	69 69
27	09 85	92 32	12 06	34 50	72 04		08 76	61 95	04 84	93 09	84 05
28	57 71	05 37	47 59	65 38	38 41		57 91	61 96	87 63	24 45	17 72
29	82 06	47 67	53 22	36 49	68 86		87 04	18 80	66 96	57 53	88 83
30	17 95	30 06	64 99	33 89	27 84		65 47	78 11	01 86	61 05	05 28
31	70 55	98 92	19 44	85 86	65 73		69 73	75 41	78 51	05 57	36 33
32	97 93	30 87	84 49	28 29	77 84		31 09	35 59	41 39	71 46	53 57
33	31 55	49 69	17 12	22 20	41 50		45 63	52 13	46 20	70 72	30 57
34	30 92	80 82	37 16	01 46	81 22		48 80	55 77	99 11	30 14	65 29
35	98 05	49 50	04 94	71 34	12 49		85 82	82 67	17 38	22 86	15 93
36	00 86	28 06	39 03	29 04	84 41		20 84	01 97	53 50	90 12	94 67
37	74 76	84 09	68 33	73 25	97 71		65 34	72 55	62 50	50 59	01 93
38	63 84	36 95	80 28	36 19	26 50		72 55	80 54	55 68	58 94	96 50
39	48 12	39 00	88 05	86 29	37 96		18 85	07 95	37 06	78 96	32 89
40	20 60	42 30	95 71	77 03	14 88		81 15	91 68	38 07	45 47	37 75
41	13 21	96 10	43 46	00 95	62 09		45 43	87 40	08 00	12 35	35 06
42	12 84	54 72	35 75	88 47	75 20		21 27	73 48	33 69	10 13	77 36
43	57 38	76 05	12 35	29 61	10 48		02 65	25 40	61 54	13 54	59 37
44	25 18	75 82	11 89	13 90	53 66		53 88	89 04	79 76	22 82	53
45	10 88	94 70	76 54	45 07	71 24		53 48	10 01	51 99	93 52	12 68
46	78 44	49 86	29 82	12 44	11 54		32 54	68 28	52 27	75 44	22 50
47	99 33	67 75	86 16	90 53	40 48		15 12	01 10	79 58	73 53	35 90
48	38 51	64 06	53 30	50 06	84 55		91 70	48 46	52 37	46 83	58 78
49	45 96	10 96	24 02	17 29	31 14		10 86	37 20	92 79	72 32	84 57
50	75 40	42 25	66 84	22 05	61 93		56 61	62 02	55 31	56 20	99 07

■編 者
岡部 恒治　　埼玉大学名誉教授　　　　　北島 茂樹　　明星大学教授

■編集協力者

飯島 彰子	学習院女子中・高等科教諭	田中 勉	田中教育研究所
石椛 康朗	本郷中学校・高等学校教諭	中路 隆行	ノートルダム清心中・高等学校教諭
宇治川 雅也	東京都立白鷗高等学校・附属中学校教諭	永島 謙一	恵泉女学園中学・高等学校教諭
大瀧 祐樹	東京都市大学付属中学校・高等学校教諭	中畑 弘次	安田女子中学高等学校教諭
川端 清継	立命館小学校・中学校・高等学校教諭	野末 訓章	南山高等学校・中学校男子部教諭
官野 達博	横浜雙葉中学校・高等学校教諭	畠中 俊樹	高槻中学校・高等学校教諭
草場 理志	同志社女子中学校・高等学校教諭	林 三奈夫	海星中学校・海星高等学校教諭
久保 光章	広島女学院中学高等学校主幹教諭	原澤 研二	立命館中学校・高等学校教諭
佐野 塁生	恵泉女学園中学・高等学校教諭	原田 泰典	大阪桐蔭中学校高等学校教諭
進藤 貴志	東京都立大泉高等学校附属中学校教諭	蛭沼 和行	恵泉女学園中学・高等学校教諭
杉山 昭博	清風南海中学校・高等学校教諭	本多 壮太郎	鷗友学園女子中学高等学校教諭
鈴木 祥之	早稲田大学系属早稲田実業学校教諭	松岡 将秀	大阪桐蔭中学校高等学校教諭
髙村 亮	大妻中野中学校・高等学校教諭	松尾 鉄也	立教女学院中学校・高等学校教諭
立崎 宏之	攻玉社中学校・高等学校教諭	横山 孝治	八雲学園中学校高等学校教諭
竪 勇也	高槻中学校・高等学校教諭	吉田 康人	皇學館中学校・高等学校教諭
田中 孝昌	皇學館中学校・高等学校教諭	吉村 浩	本郷中学校・高等学校教諭

■編集協力校
中部大学春日丘中学校　　　　　　　　同志社香里中学校・高等学校
南山高等学校・中学校女子部

■表紙デザイン　有限会社アーク・ビジュアル・ワークス
■本文デザイン　齋藤 直樹／山本 泰子(Concent, Inc.)
　　　　　　　　デザイン・プラス・プロフ株式会社
■イラスト　　　たなかきなこ
■写真協力　　　アフロ, amanaimages

初版
第1刷　2003年2月1日　発行
新課程
第1刷　2021年2月1日　発行
第2刷　2022年2月1日　発行

ISBN978-4-410-20592-7

新課程

中高一貫教育をサポートする

体系数学2

代数編［中学2, 3年生用］

数と式の世界をひろげる

編 者　岡部 恒治　　北島 茂樹

発行者　星野 泰也

発行所　数研出版株式会社

〒101-0052　東京都千代田区神田小川町2丁目3番地3
　　　　　　［振替］00140-4-118431
〒604-0861　京都市中京区烏丸通竹屋町上る大倉町205番地
　　　　　　［電話］代表(075)231-0161

ホームページ　https://www.chart.co.jp
印刷　寿印刷株式会社

210802

道順のかぞえあげ

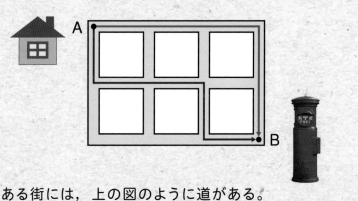

　ある街には，上の図のように道がある。
図のA地点からB地点まで遠回りしない，すなわち，
最短距離で移動する道順は何通りあるだろうか。

　右の図において，PからQ，PからRへ最短距離で
移動する道順はともに1通りであるから，PからSへ
最短距離で移動する道順は

$$1 + 1 = 2 \text{ 通り}$$

ある。

　同様に考えて，PからTへ最短距離で移動する道順は

$$1 + 2 = 3 \text{ 通り}$$

ある。

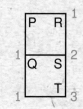

　このような方法を用いて，A地点から
B地点まで最短距離で移動する道順が
何通りあるか調べてみよう。

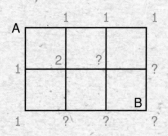

中高一貫教育をサポートする

体系数学2

代数編 [中学2，3年生用]

数と式の世界をひろげる

解答編

数研出版

第1章 式の計算

1 多項式の計算 (本冊 $p.6 \sim 16$)

練習 1 (1) $4a(a-2b)=\mathbf{4a^2-8ab}$

(2) $-x(5x-2y)=\mathbf{-5x^2+2xy}$

(3) $(2a-3b+c)\times 3d$

$=\mathbf{6ad-9bd+3cd}$

(4) $x(2x+3y)-2x(6x-y)$

$=2x^2+3xy-12x^2+2xy$

$=\mathbf{-10x^2+5xy}$

練習 2 (1) $\dfrac{1}{2x}$

(2) $\dfrac{1}{-5ab}=-\dfrac{1}{5ab}$

(3) $\dfrac{6}{xy}$

(4) $-\dfrac{3}{4}ab=\dfrac{-3ab}{4}$ であるから，

逆数は $\dfrac{4}{-3ab}=-\dfrac{4}{3ab}$

(5) $-0.5x=-\dfrac{1}{2}x=\dfrac{-x}{2}$ であるから，

逆数は $\dfrac{2}{-x}=-\dfrac{2}{x}$

練習 3 (1) $(12a^2b+8ab^2)\div 4ab$

$=\dfrac{12a^2b}{4ab}+\dfrac{8ab^2}{4ab}$

$=\mathbf{3a+2b}$

(2) $(6x^2y-9xy^2)\div(-3xy)$

$=-\dfrac{6x^2y}{3xy}+\dfrac{9xy^2}{3xy}$

$=\mathbf{-2x+3y}$

(3) $(2a^2+6ab)\div\left(-\dfrac{a}{3}\right)$

$=(2a^2+6ab)\times\left(-\dfrac{3}{a}\right)$

$=\mathbf{-6a-18b}$

(4) $(6x^2+8xy-2x)\div\dfrac{2}{3}x$

$=(6x^2+8xy-2x)\times\dfrac{3}{2x}$

$=\mathbf{9x+12y-3}$

練習 4 (1) $(x+3)(y+5)=\mathbf{xy+5x+3y+15}$

(2) $(a-2b)(c-5d)$

$=\mathbf{ac-5ad-2bc+10bd}$

(3) $(x-1)(x+4)=x^2+4x-x-4$

$=\mathbf{x^2+3x-4}$

(4) $(2a+1)(3a+2)=6a^2+4a+3a+2$

$=\mathbf{6a^2+7a+2}$

(5) $(3x-5)(2x-3)$

$=6x^2-9x-10x+15$

$=\mathbf{6x^2-19x+15}$

(6) $(5x+2y)(3x-y)$

$=15x^2-5xy+6xy-2y^2$

$=\mathbf{15x^2+xy-2y^2}$

練習 5 (1) $(a-2b)(a+3b+1)$

$=a(a+3b+1)-2b(a+3b+1)$

$=a^2+3ab+a-2ab-6b^2-2b$

$=\mathbf{a^2+ab-6b^2+a-2b}$

(2) $(4x-3y+1)(2x+y)$

$=4x(2x+y)-3y(2x+y)+(2x+y)$

$=8x^2+4xy-6xy-3y^2+2x+y$

$=\mathbf{8x^2-2xy-3y^2+2x+y}$

(3) $(2a+5b-3)(3a+2b+2)$

$=2a(3a+2b+2)+5b(3a+2b+2)$

$\qquad\qquad\qquad -3(3a+2b+2)$

$=6a^2+4ab+4a+15ab+10b^2+10b$

$\qquad\qquad\qquad\qquad -9a-6b-6$

$=\mathbf{6a^2+19ab+10b^2-5a+4b-6}$

(4) $(2x-3y-1)(x-y-2)$

$=2x(x-y-2)-3y(x-y-2)-(x-y-2)$

$=2x^2-2xy-4x-3xy+3y^2+6y-x+y+2$

$=\mathbf{2x^2-5xy+3y^2-5x+7y+2}$

練習 6 (1) $(x+2)(x+7)$

$=x^2+(2+7)x+2\times 7$

$=\mathbf{x^2+9x+14}$

(2) $(x+6)(x-4)$

$=x^2+(6-4)x+6\times(-4)$

$=\mathbf{x^2+2x-24}$

(3) $(y-2)(y-4)$

$=y^2+(-2-4)y+(-2)\times(-4)$

$=\mathbf{y^2-6y+8}$

(4) $(a-9)(a+3)$
$=a^2+(-9+3)a+(-9)\times3$
$=\boldsymbol{a^2-6a-27}$

(5) $\left(x+\dfrac{1}{2}\right)\left(x+\dfrac{3}{2}\right)$
$=x^2+\left(\dfrac{1}{2}+\dfrac{3}{2}\right)x+\dfrac{1}{2}\times\dfrac{3}{2}$
$=\boldsymbol{x^2+2x+\dfrac{3}{4}}$

(6) $(-1+t)(5+t)$
$=(t-1)(t+5)$
$=t^2+(-1+5)t+(-1)\times5$
$=\boldsymbol{t^2+4t-5}$

練習 7 (1) $(3a+1)(3a+5)$
$=(3a)^2+(1+5)\times3a+1\times5$
$=\boldsymbol{9a^2+18a+5}$

(2) $(4x-1)(4x+5)$
$=(4x)^2+(-1+5)\times4x+(-1)\times5$
$=\boldsymbol{16x^2+16x-5}$

(3) $(2x+7)(2x-9)$
$=(2x)^2+(7-9)\times2x+7\times(-9)$
$=\boldsymbol{4x^2-4x-63}$

(4) $(5y-8)(5y-2)$
$=(5y)^2+(-8-2)\times5y+(-8)\times(-2)$
$=\boldsymbol{25y^2-50y+16}$

練習 8 (1) $(x+4)^2=x^2+2\times4\times x+4^2$
$=\boldsymbol{x^2+8x+16}$

(2) $(y-2)^2=y^2-2\times2\times y+2^2$
$=\boldsymbol{y^2-4y+4}$

(3) $\left(x-\dfrac{1}{6}\right)^2=x^2-2\times\dfrac{1}{6}\times x+\left(\dfrac{1}{6}\right)^2$
$=\boldsymbol{x^2-\dfrac{1}{3}x+\dfrac{1}{36}}$

練習 9 (1) $(4x-y)^2=(4x)^2-2\times y\times4x+y^2$
$=\boldsymbol{16x^2-8xy+y^2}$

(2) $(2x+5y)^2=(2x)^2+2\times5y\times2x+(5y)^2$
$=\boldsymbol{4x^2+20xy+25y^2}$

(3) $(3x-2y)^2=(3x)^2-2\times2y\times3x+(2y)^2$
$=\boldsymbol{9x^2-12xy+4y^2}$

練習 10 (1) $(x+4)(x-4)=x^2-4^2$
$=\boldsymbol{x^2-16}$

(2) $(a-7)(a+7)=a^2-7^2$
$=\boldsymbol{a^2-49}$

練習 11 (1) $(x+2y)(x-2y)$
$=x^2-(2y)^2$
$=\boldsymbol{x^2-4y^2}$

(2) $(4a-5b)(4a+5b)$
$=(4a)^2-(5b)^2$
$=\boldsymbol{16a^2-25b^2}$

(3) $\left(x-\dfrac{1}{2}y\right)\left(x+\dfrac{1}{2}y\right)$
$=x^2-\left(\dfrac{1}{2}y\right)^2$
$=\boldsymbol{x^2-\dfrac{1}{4}y^2}$

(4) $(b+3a)(3a-b)$
$=(3a+b)(3a-b)$
$=(3a)^2-b^2$
$=\boldsymbol{9a^2-b^2}$

練習 12 (1) $(2x+1)(x+5)$
$=2\times1\times x^2+(2\times5+1\times1)x+1\times5$
$=\boldsymbol{2x^2+11x+5}$

(2) $(3x-4)(5x+3)$
$=3\times5\times x^2+\{3\times3+(-4)\times5\}x+(-4)\times3$
$=\boldsymbol{15x^2-11x-12}$

(3) $(4a-1)(2a-7)$
$=4\times2\times a^2+\{4\times(-7)+(-1)\times2\}a$
$\qquad\qquad\qquad+(-1)\times(-7)$
$=\boldsymbol{8a^2-30a+7}$

練習 13 (1) $(a+b-c)^2$
$=\{(a+b)-c\}^2$
$=(a+b)^2-2(a+b)c+c^2$
$=a^2+2ab+b^2-2ac-2bc+c^2$
$=\boldsymbol{a^2+b^2+c^2+2ab-2bc-2ca}$

(2) $(x+2y+3z)^2$
$=\{(x+2y)+3z\}^2$
$=(x+2y)^2+2(x+2y)\times3z+(3z)^2$
$=x^2+4xy+4y^2+6xz+12yz+9z^2$
$=\boldsymbol{x^2+4y^2+9z^2+4xy+12yz+6zx}$

練習 14 (1) $(a+2b+1)(a+2b-3)$
$=\{(a+2b)+1\}\{(a+2b)-3\}$
$=(a+2b)^2-2(a+2b)-3$
$=\boldsymbol{a^2+4ab+4b^2-2a-4b-3}$

(2) $(2x-y-4)(2x-y+2)$
$=\{(2x-y)-4\}\{(2x-y)+2\}$
$=(2x-y)^2-2(2x-y)-8$
$=\boldsymbol{4x^2-4xy+y^2-4x+2y-8}$

練習15 (1) $(x+6)(x-6)-(x+3)(x-4)$
$=(x^2-36)-(x^2-x-12)$
$=\boldsymbol{x-24}$

(2) $(x+4y)^2+(3x+y)(x-3y)$
$=(x^2+8xy+16y^2)+(3x^2-8xy-3y^2)$
$=\boldsymbol{4x^2+13y^2}$

練習16 (1) $(a-3)^2(a+3)^2$
$=\{(a-3)(a+3)\}^2$
$=(a^2-9)^2$
$=\boldsymbol{a^4-18a^2+81}$

(2) $(2x+3y)^2(2x-3y)^2$
$=\{(2x+3y)(2x-3y)\}^2$
$=(4x^2-9y^2)^2$
$=\boldsymbol{16x^4-72x^2y^2+81y^4}$

練習17 (1) $(2x+y+z)(2x+y-z)$
$=\{(2x+y)+z\}\{(2x+y)-z\}$
$=(2x+y)^2-z^2$
$=\boldsymbol{4x^2+4xy+y^2-z^2}$

(2) $(a^2+2ab+3b^2)(a^2-2ab+3b^2)$
$=\{(a^2+3b^2)+2ab\}\{(a^2+3b^2)-2ab\}$
$=(a^2+3b^2)^2-(2ab)^2$
$=(a^4+6a^2b^2+9b^4)-4a^2b^2$
$=\boldsymbol{a^4+2a^2b^2+9b^4}$

2 因数分解 （本冊 p. 17～23）

練習18 (1) $12x^3-8x^2y=\boldsymbol{4x^2(3x-2y)}$
(2) $3a^2x+6ax^2-2ax=\boldsymbol{ax(3a+6x-2)}$

練習19 (1) $x^2-12x+27=\boldsymbol{(x-3)(x-9)}$
(2) $x^2+2x-8=\boldsymbol{(x-2)(x+4)}$
(3) $y^2-y-20=\boldsymbol{(y+4)(y-5)}$

練習20 (1) $x^2+12x+36=x^2+2\times6\times x+6^2$
$=\boldsymbol{(x+6)^2}$
(2) $a^2-18a+81=a^2-2\times9\times a+9^2$
$=\boldsymbol{(a-9)^2}$
(3) $x^2-16xy+64y^2=x^2-2\times8y\times x+(8y)^2$
$=\boldsymbol{(x-8y)^2}$
(4) $4x^2+4x+1=(2x)^2+2\times1\times2x+1^2$
$=\boldsymbol{(2x+1)^2}$
(5) $25x^2-70xy+49y^2$
$=(5x)^2-2\times7y\times5x+(7y)^2$
$=\boldsymbol{(5x-7y)^2}$

練習21 (1) $x^2-36=x^2-6^2$
$=\boldsymbol{(x+6)(x-6)}$
(2) $x^2-16y^2=x^2-(4y)^2$
$=\boldsymbol{(x+4y)(x-4y)}$
(3) $25x^2-64a^2=(5x)^2-(8a)^2$
$=\boldsymbol{(5x+8a)(5x-8a)}$

練習22 (1) $2x^2+3x+1=\boldsymbol{(x+1)(2x+1)}$
(2) $6x^2-5x-6=\boldsymbol{(2x-3)(3x+2)}$
(3) $4a^2+7ab-2b^2=\boldsymbol{(a+2b)(4a-b)}$

練習23 (1) $3ax^2-24ax+36a$
$=3a(x^2-8x+12)$
$=\boldsymbol{3a(x-2)(x-6)}$

(2) $\dfrac{1}{2}a^2x-\dfrac{9}{2}b^2x=\dfrac{1}{2}x(a^2-9b^2)$
$=\boldsymbol{\dfrac{1}{2}x(a+3b)(a-3b)}$

(3) $-ab^2+a=-a(b^2-1)$
$=\boldsymbol{-a(b+1)(b-1)}$

参考 $-ab^2+a=a(1-b^2)$
$=a(1+b)(1-b)$
としてもよい。

(4) $x^3y+4x^2y+4xy=xy(x^2+4x+4)$
$=\boldsymbol{xy(x+2)^2}$

練習24 (1) x^4-16
$=(x^2)^2-4^2$
$=(x^2+4)(x^2-4)$
$=\boldsymbol{(x^2+4)(x+2)(x-2)}$

(2) $81a^4-b^4$
$=(9a^2)^2-(b^2)^2$
$=(9a^2+b^2)(9a^2-b^2)$
$=\boldsymbol{(9a^2+b^2)(3a+b)(3a-b)}$

練習25 (1) $x^2-6x+9-4y^2$
$=(x^2-6x+9)-(2y)^2$
$=(x-3)^2-(2y)^2$
$=\{(x-3)+2y\}\{(x-3)-2y\}$
$=\boldsymbol{(x+2y-3)(x-2y-3)}$

(2) $9a^2-16b^2+40b-25$
$=(3a)^2-(16b^2-40b+25)$
$=(3a)^2-(4b-5)^2$
$=\{3a+(4b-5)\}\{3a-(4b-5)\}$
$=\boldsymbol{(3a+4b-5)(3a-4b+5)}$

練習26 (1) $(x-2)^2-3(x-2)-10$
$=\{(x-2)+2\}\{(x-2)-5\}$
$=\boldsymbol{x(x-7)}$
(2) $(a+b)^2+4(a+b)-12$
$=\{(a+b)-2\}\{(a+b)+6\}$
$=\boldsymbol{(a+b-2)(a+b+6)}$
(3) $(x+2y)^2+4(x+2y)z+3z^2$
$=\{(x+2y)+z\}\{(x+2y)+3z\}$
$=\boldsymbol{(x+2y+z)(x+2y+3z)}$
(4) $(x+1)^2-6(x+1)+9$
$=\{(x+1)-3\}^2$
$=\boldsymbol{(x-2)^2}$

練習27 (1) $ac-ad-bc+bd$
$=a(c-d)-(bc-bd)$
$=a(c-d)-b(c-d)$
$=\boldsymbol{(a-b)(c-d)}$
(2) $ax+bx-ay-by+az+bz$
$=a(x-y+z)+(bx-by+bz)$
$=a(x-y+z)+b(x-y+z)$
$=\boldsymbol{(a+b)(x-y+z)}$
別解 $ax+bx-ay-by+az+bz$
$=(a+b)x-(a+b)y+(a+b)z$
$=(a+b)(x-y+z)$

3 式の計算の利用 (本冊 $p.24\sim27$)

練習28 (1) $102^2=(100+2)^2$
$=100^2+2\times2\times100+2^2$
$=\boldsymbol{10404}$
(2) $72^2-28^2=(72+28)\times(72-28)$
$=100\times44$
$=\boldsymbol{4400}$
(3) $95\times105=(100-5)\times(100+5)$
$=100^2-5^2$
$=\boldsymbol{9975}$

練習29 (1) $4321^2-4322\times4320$
$=4321^2-(4321+1)\times(4321-1)$
$=4321^2-(4321^2-1^2)$
$=\boldsymbol{1}$
(2) $1354\times1358-1359\times1353$
$=(1356-2)\times(1356+2)$
$\qquad -(1356+3)\times(1356-3)$
$=(1356^2-2^2)-(1356^2-3^2)$
$=-2^2+3^2$
$=\boldsymbol{5}$

練習30 $(x-3y)(2x+y)+3y^2$
$=2x^2-5xy-3y^2+3y^2$
$=2x^2-5xy$
$2x^2-5xy$ に $x=2$, $y=-\dfrac{3}{10}$ を代入して
$2x^2-5xy=2\times2^2-5\times2\times\left(-\dfrac{3}{10}\right)$
$=8+3=\boldsymbol{11}$

練習31 $ab+b^2+3a+3b$
$=a(b+3)+(b^2+3b)$
$=a(b+3)+b(b+3)$
$=(a+b)(b+3)$
$(a+b)(b+3)$ に $a=53$, $b=47$ を代入して
$(a+b)(b+3)=(53+47)(47+3)$
$=100\times50=\boldsymbol{5000}$

練習32 $x^2+y^2=(x+y)^2-2xy$
$(x+y)^2-2xy$ に $x+y=\dfrac{9}{2}$, $xy=3$ を代入して
$(x+y)^2-2xy=\left(\dfrac{9}{2}\right)^2-2\times3$
$=\dfrac{81}{4}-6=\boldsymbol{\dfrac{57}{4}}$

練習33 n を整数とする。中央の数を n とすると
最大の数は $n+1$, 最小の数は $n-1$
と表される。
最大の数の2乗から最小の数の2乗をひくと
$(n+1)^2-(n-1)^2$
$=(n^2+2n+1)-(n^2-2n+1)$
$=4n$
よって, 最大の数の2乗から最小の数の2乗をひ
くと, 中央の数の4倍になる。

練習34 道の面積は, 1辺の長さが $(p+2a)$ m の
正方形の面積から, 1辺の長さが p m の正方形の
面積をひいたものである。
よって $S=(p+2a)^2-p^2$
$=(p^2+4ap+4a^2)-p^2$
$=4ap+4a^2$ ……①
道の中央を通る正方形の1辺の長さは $(p+a)$ m
であるから
$\ell=4(p+a)=4p+4a$
よって $a\ell=a(4p+4a)$
$=4ap+4a^2$ ……②
①, ②から $S=a\ell$

確認問題 （本冊 p.29）

問題 1 (1) $-2x(x-3y+2xz)$
$$=-2x^2+6xy-4x^2z$$

(2) $(a^2-2x+5)\times(-3ay)$
$$=-3a^3y+6axy-15ay$$

(3) $(2x-6x^2y-8xz^2)\div 2x$
$$=1-3xy-4z^2$$

(4) $(2a^2+6ab-abc)\div\left(-\dfrac{a}{3}\right)$
$$=(2a^2+6ab-abc)\times\left(-\dfrac{3}{a}\right)$$
$$=-6a-18b+3bc$$

問題 2 (1) $(a+b)(a-2b+3)$
$$=a(a-2b+3)+b(a-2b+3)$$
$$=a^2-2ab+3a+ab-2b^2+3b$$
$$=a^2-ab-2b^2+3a+3b$$

(2) $(a+2b-c)(3a-b+4c)$
$$=a(3a-b+4c)+2b(3a-b+4c)$$
$$\qquad\qquad\qquad -c(3a-b+4c)$$
$$=3a^2-ab+4ca+6ab-2b^2+8bc$$
$$\qquad\qquad\qquad -3ca+bc-4c^2$$
$$=3a^2-2b^2-4c^2+5ab+9bc+ca$$

問題 3 (1) $(x-3y)(x-7y)$
$$=x^2-10xy+21y^2$$

(2) $(2x+3y)^2$
$$=4x^2+12xy+9y^2$$

(3) $\left(\dfrac{2}{3}x-\dfrac{3}{2}y\right)^2$
$$=\left(\dfrac{2}{3}x\right)^2-2\times\dfrac{3}{2}y\times\dfrac{2}{3}x+\left(\dfrac{3}{2}y\right)^2$$
$$=\dfrac{4}{9}x^2-2xy+\dfrac{9}{4}y^2$$

(4) $(5x+8y)(5x-8y)$
$$=25x^2-64y^2$$

(5) $\left(\dfrac{2}{5}a-\dfrac{3}{4}b\right)\left(\dfrac{2}{5}a+\dfrac{3}{4}b\right)$
$$=\left(\dfrac{2}{5}a\right)^2-\left(\dfrac{3}{4}b\right)^2$$
$$=\dfrac{4}{25}a^2-\dfrac{9}{16}b^2$$

問題 4 (1) $-5x^2yz-15xy^2z+10xy$
$$=-5xy(xz+3yz-2)$$

(2) $a^2-8ab-20b^2=(a+2b)(a-10b)$

(3) $x^2+3xy-88y^2=(x-8y)(x+11y)$

(4) $3x^2-6ax-45a^2=3(x^2-2ax-15a^2)$
$$=3(x+3a)(x-5a)$$

(5) $x^2-20xy+100y^2=(x-10y)^2$

(6) $49a^2+56ab+16b^2=(7a+4b)^2$

(7) $36a^2-25b^2=(6a+5b)(6a-5b)$

(8) $18x^2-98y^2=2(9x^2-49y^2)$
$$=2(3x+7y)(3x-7y)$$

問題 5 (1) $3x^2+11xy+10y^2$
$$=(x+2y)(3x+5y)$$

(2) $6a^2+ab-2b^2$
$$=(2a-b)(3a+2b)$$

(3) $15x^2-26xy+8y^2$
$$=(3x-4y)(5x-2y)$$

(4) $16x^4-81$
$$=(4x^2+9)(4x^2-9)$$
$$=(4x^2+9)(2x+3)(2x-3)$$

(5) $9a^2-42ab+49b^2-25c^2$
$$=(3a-7b)^2-(5c)^2$$
$$=\{(3a-7b)+5c\}\{(3a-7b)-5c\}$$
$$=(3a-7b+5c)(3a-7b-5c)$$

(6) $(x-2y)^2+4(x-2y)-12$
$$=\{(x-2y)-2\}\{(x-2y)+6\}$$
$$=(x-2y-2)(x-2y+6)$$

(7) $xz-xw+yz-yw$
$$=x(z-w)+y(z-w)$$
$$=(x+y)(z-w)$$

(8) $xac-abc-xad+abd$
$$=a(xc-bc-xd+bd)$$
$$=a\{c(x-b)-d(x-b)\}$$
$$=a(c-d)(x-b)$$

問題 6 $x^2+2xy+y^2=(x+y)^2$
$(x+y)^2$ に $x=1.2,\ y=0.8$ を代入して
$$(x+y)^2=(1.2+0.8)^2$$
$$=2^2$$
$$=4$$

問題1 (1) $(x-3)(x+3)(x^2+9)$
$\quad =(x^2-9)(x^2+9)$
$\quad =(x^2)^2-9^2=\boldsymbol{x^4-81}$

(2) $(x-2)(x+2)(x^2+4)(x^4+16)$
$\quad =(x^2-4)(x^2+4)(x^4+16)$
$\quad =(x^4-16)(x^4+16)$
$\quad =\boldsymbol{x^8-256}$

(3) $(a+1)(a+4)(a+2)(a+3)$
$\quad =(a^2+5a+4)(a^2+5a+6)$
$\quad =\{(a^2+5a)+4\}\{(a^2+5a)+6\}$
$\quad =(a^2+5a)^2+10(a^2+5a)+24$
$\quad =a^4+10a^3+25a^2+10a^2+50a+24$
$\quad =\boldsymbol{a^4+10a^3+35a^2+50a+24}$

(4) $(x+1)(x-6)(x-2)(x+5)$
$\quad =\{(x+1)(x-2)\}\{(x-6)(x+5)\}$
$\quad =(x^2-x-2)(x^2-x-30)$
$\quad =\{(x^2-x)-2\}\{(x^2-x)-30\}$
$\quad =(x^2-x)^2-32(x^2-x)+60$
$\quad =x^4-2x^3+x^2-32x^2+32x+60$
$\quad =\boldsymbol{x^4-2x^3-31x^2+32x+60}$

問題2 (1) $x^4-16y^4=(x^2)^2-(4y^2)^2$
$\quad\quad =(x^2+4y^2)(x^2-4y^2)$
$\quad\quad =\boldsymbol{(x^2+4y^2)(x+2y)(x-2y)}$

(2) a^4-13a^2+36
$\quad =(a^2-4)(a^2-9)$
$\quad =\boldsymbol{(a+2)(a-2)(a+3)(a-3)}$

(3) $x^2+2xy+y^2-5x-5y+6$
$\quad =(x+y)^2-5(x+y)+6$
$\quad =\{(x+y)-2\}\{(x+y)-3\}$
$\quad =\boldsymbol{(x+y-2)(x+y-3)}$

問題3 (1) $2(2x-y)\left(x+\dfrac{1}{2}y\right)-(x+y)(4x-y)$
$\quad\quad =(2x-y)(2x+y)-(x+y)(4x-y)$
$\quad\quad =(4x^2-y^2)-(4x^2+3xy-y^2)$
$\quad\quad =\boldsymbol{-3xy}$

(2) $2x-y=A$ とおくと
$\quad (2x-y+1)^2-(2x-y)(2x-y+5)$
$\quad =(A+1)^2-A(A+5)$
$\quad =A^2+2A+1-A^2-5A$
$\quad =-3A+1$
$\quad =-3(2x-y)+1$
$\quad =\boldsymbol{-6x+3y+1}$

(3) $\left(\dfrac{x-y}{3}+x+y\right)^2-\left(x-y+\dfrac{x+y}{3}\right)^2$
$\quad =\left(\dfrac{4x+2y}{3}\right)^2-\left(\dfrac{4x-2y}{3}\right)^2$
$\quad =\left(\dfrac{4x+2y}{3}+\dfrac{4x-2y}{3}\right)\times\left(\dfrac{4x+2y}{3}-\dfrac{4x-2y}{3}\right)$
$\quad =\dfrac{8}{3}x\times\dfrac{4}{3}y$
$\quad =\boldsymbol{\dfrac{32}{9}xy}$

(4) $(a+b+c)(-a+b+c)$
$\quad\quad\quad +(a-b+c)(a+b-c)$
$\quad =\{(b+c)+a\}\{(b+c)-a\}$
$\quad\quad\quad +\{a-(b-c)\}\{a+(b-c)\}$
$\quad =\{(b+c)^2-a^2\}+\{a^2-(b-c)^2\}$
$\quad =(b+c)^2-(b-c)^2$
$\quad =(b^2+2bc+c^2)-(b^2-2bc+c^2)$
$\quad =\boldsymbol{4bc}$

問題4 $2x^2-5xy-3y^2=(2x+y)(x-3y)$
この式に，$2x+y=-9$, $x-3y=11$ を代入して
$\quad (2x+y)(x-3y)=-9\times11$
$\quad\quad\quad\quad\quad =\boldsymbol{-99}$

問題5 $a^2-2ab+b^2-6a+6b+3$
$\quad =(a-b)^2-6(a-b)+3$
この式に，$a-b=5$ を代入して
$\quad (a-b)^2-6(a-b)+3=5^2-6\times5+3$
$\quad\quad\quad\quad\quad\quad =\boldsymbol{-2}$

問題6 n を整数とする。中央の数を $2n$ とすると，連続する3つの偶数は
$$2n-2,\ 2n,\ 2n+2$$
と表される。
中央の数の3乗から，3つの数の積をひくと
$\quad (2n)^3-(2n-2)\times2n\times(2n+2)$
$\quad =8n^3-2(n-1)\times2n\times2(n+1)$
$\quad =8n^3-2^3\times n(n+1)(n-1)$
$\quad =8n^3-8n(n^2-1)$
$\quad =8n^3-8n^3+8n$
$\quad =8n$
よって，中央の数の3乗から，3つの数の積をひくと，8の倍数になる。

演習問題B （本冊 p. 31）

問題7 (1) $(x^2+2x)^2-2x^2-4x-3$
$$=(x^2+2x)^2-2(x^2+2x)-3$$
$$=\{(x^2+2x)+1\}\{(x^2+2x)-3\}$$
$$=(x^2+2x+1)(x^2+2x-3)$$
$$=(\boldsymbol{x+1})^2(\boldsymbol{x-1})(\boldsymbol{x+3})$$

(2) $x^2-y^2-z^2+2x+2yz+1$
$$=(x^2+2x+1)-(y^2-2yz+z^2)$$
$$=(x+1)^2-(y-z)^2$$
$$=\{(x+1)+(y-z)\}\{(x+1)-(y-z)\}$$
$$=(\boldsymbol{x+y-z+1})(\boldsymbol{x-y+z+1})$$

問題8 $\left(1-\dfrac{1}{2^2}\right)\left(1-\dfrac{1}{3^2}\right)\left(1-\dfrac{1}{4^2}\right)\left(1-\dfrac{1}{5^2}\right)$
$$\times\cdots\cdots\times\left(1-\dfrac{1}{99^2}\right)$$
$$=\left(1-\dfrac{1}{2}\right)\left(1+\dfrac{1}{2}\right)\left(1-\dfrac{1}{3}\right)\left(1+\dfrac{1}{3}\right)\left(1-\dfrac{1}{4}\right)\left(1+\dfrac{1}{4}\right)$$
$$\times\left(1-\dfrac{1}{5}\right)\left(1+\dfrac{1}{5}\right)\times\cdots\cdots\times\left(1-\dfrac{1}{99}\right)\left(1+\dfrac{1}{99}\right)$$
$$=\dfrac{1}{2}\times\dfrac{3}{2}\times\dfrac{2}{3}\times\dfrac{4}{3}\times\dfrac{3}{4}\times\dfrac{5}{4}\times\dfrac{4}{5}\times\dfrac{6}{5}$$
$$\times\cdots\cdots\times\dfrac{97}{98}\times\dfrac{99}{98}\times\dfrac{98}{99}\times\dfrac{100}{99}$$
$$=\dfrac{1}{2}\times\dfrac{100}{99}=\dfrac{\boldsymbol{50}}{\boldsymbol{99}}$$

問題9 $x^2y+xy^2-x-y=xy(x+y)-(x+y)$
$$=(xy-1)(x+y)$$
$$=(3-1)(x+y)$$
$$=2(x+y)$$
よって　　　$2(x+y)=8$
すなわち　　$x+y=4$
$$x^2+y^2=(x+y)^2-2xy$$
この式に, $x+y=4$, $xy=3$ を代入して
$$(x+y)^2-2xy=4^2-2\times3$$
$$=\boldsymbol{10}$$

問題10 $x-\dfrac{1}{x}=\dfrac{8}{3}$ の両辺を2乗すると
$$\left(x-\dfrac{1}{x}\right)^2=\left(\dfrac{8}{3}\right)^2$$
$$x^2-2\times\dfrac{1}{x}\times x+\left(\dfrac{1}{x}\right)^2=\dfrac{64}{9}$$
$$x^2-2+\dfrac{1}{x^2}=\dfrac{64}{9}$$
よって　$x^2+\dfrac{1}{x^2}=\dfrac{\boldsymbol{82}}{\boldsymbol{9}}$

問題11 (1) $(x^2-3x+4)(x+5)$ を展開した式において, x^2 を含む項についてのみ考えればよいから, x^2 の係数は
$$1\times5+(-3)\times1=\boldsymbol{2}$$

(2) $(5a^2-ab+b^2)(2a-4b)$ を展開した式において, ab^2 を含む項についてのみ考えればよいから, ab^2 の係数は
$$(-1)\times(-4)+1\times2=\boldsymbol{6}$$

問題12 $n^2-m^2=64>0$ より　$n>m$
m, n は連続する2つの正の奇数であるから
$$n-m=2\quad\cdots\cdots①$$
よって　　　$n^2-m^2=(n-m)(n+m)$
$$=2(n+m)$$
したがって　$2(n+m)=64$
ゆえに　　　$n+m=32\quad\cdots\cdots②$
①, ② より　$m=15$, $n=17$
m, n は奇数であるから, 問題に適している。
　　　　　　　　答 $\boldsymbol{m=15}$, $\boldsymbol{n=17}$

問題13 n を0以上の整数とする。
小さい方の整数を5でわったときの商を n とすると, 小さい方の整数は　$5\times n+2=5n+2$
　　大きい方の整数は　$5n+3$
と表される。
この2つの整数の積は
$$(5n+2)(5n+3)=25n^2+25n+6$$
$$=25n^2+25n+5+1$$
$$=5(5n^2+5n+1)+1$$
$5n^2+5n+1$ は整数であるから, 5でわったときの余りは1である。

第2章　平方根

1　平方根 （本冊 *p.* 34～40）

練習 1 (1) 7 と -7 (2) 8 と -8

(3) $\dfrac{3}{5}$ と $-\dfrac{3}{5}$ (4) 0.9 と -0.9

練習 2 (1) $\pm\sqrt{7}$ (2) $\pm\sqrt{35}$

(3) $\pm\sqrt{1.2}$ (4) $\pm\sqrt{\dfrac{3}{5}}$

練習 3 (1) $\sqrt{25}=\sqrt{5^2}=5$

(2) $\sqrt{144}=\sqrt{12^2}=12$

(3) $\sqrt{\dfrac{4}{9}}=\sqrt{\left(\dfrac{2}{3}\right)^2}=\dfrac{2}{3}$

(4) $-\sqrt{64}=-\sqrt{8^2}=-8$

(5) $-\sqrt{0.16}=-\sqrt{0.4^2}=-0.4$

(6) $\sqrt{(-36)^2}=\sqrt{36^2}=36$

練習 4 (1) $(\sqrt{3})^2=3$

(2) $(-\sqrt{7})^2=7$

(3) $-(\sqrt{6})^2=-6$

(4) $-(-\sqrt{2})^2=-2$

練習 5 (1) $3<5$ であるから $\sqrt{3}<\sqrt{5}$

(2) $3=\sqrt{9}$ で，$10>9$ であるから
$$\sqrt{10}>3$$

(3) $6<7$ であるから $\sqrt{6}<\sqrt{7}$
よって $-\sqrt{6}>-\sqrt{7}$

(4) $2=\sqrt{4}$ で，$5>4$ であるから
$$\sqrt{5}>2$$
よって $-\sqrt{5}<-2$

練習 6 $\sqrt{5}=2.236\cdots$ であるから，小数第 3 位を四捨五入して得られる $\sqrt{5}$ の近似値は
$$2.24$$

練習 7 (1) 2.066 (2) 2.903

(3) 7.169 (4) 8.497

2　根号を含む式の計算 （本冊 *p.* 41～52）

練習 8 (1) $\sqrt{5}\times\sqrt{7}=\sqrt{5\times7}=\sqrt{35}$

(2) $\dfrac{\sqrt{12}}{\sqrt{6}}=\sqrt{\dfrac{12}{6}}=\sqrt{2}$

(3) $\sqrt{3}\times\sqrt{\dfrac{10}{3}}=\sqrt{3\times\dfrac{10}{3}}=\sqrt{10}$

(4) $\sqrt{0.25}\times\sqrt{12}=\sqrt{0.25\times12}=\sqrt{3}$

(5) $\sqrt{42}\div\sqrt{7}=\dfrac{\sqrt{42}}{\sqrt{7}}=\sqrt{\dfrac{42}{7}}=\sqrt{6}$

(6) $\sqrt{30}\div\sqrt{6}\times\sqrt{3}=\dfrac{\sqrt{30}\times\sqrt{3}}{\sqrt{6}}$
$$=\sqrt{\dfrac{30\times3}{6}}=\sqrt{15}$$

練習 9 (1) $3\sqrt{2}=\sqrt{3^2}\times\sqrt{2}=\sqrt{3^2\times2}=\sqrt{18}$

(2) $4\sqrt{5}=\sqrt{4^2}\times\sqrt{5}=\sqrt{4^2\times5}=\sqrt{80}$

(3) $\dfrac{\sqrt{18}}{3}=\dfrac{\sqrt{18}}{\sqrt{3^2}}=\sqrt{\dfrac{18}{3^2}}=\sqrt{2}$

(4) $\dfrac{2\sqrt{6}}{\sqrt{3}}=\dfrac{\sqrt{2^2}\times\sqrt{6}}{\sqrt{3}}=\sqrt{\dfrac{2^2\times6}{3}}=\sqrt{8}$

別解 $\dfrac{2\sqrt{6}}{\sqrt{3}}=2\sqrt{\dfrac{6}{3}}=2\sqrt{2}=\sqrt{2^2}\times\sqrt{2}=\sqrt{8}$

練習 10 (1) $\sqrt{50}=\sqrt{5^2\times2}=\sqrt{5^2}\times\sqrt{2}=5\sqrt{2}$

(2) $-\sqrt{72}=-\sqrt{6^2\times2}=-\sqrt{6^2}\times\sqrt{2}=-6\sqrt{2}$

(3) $\sqrt{\dfrac{3}{16}}=\dfrac{\sqrt{3}}{\sqrt{16}}=\dfrac{\sqrt{3}}{\sqrt{4^2}}=\dfrac{\sqrt{3}}{4}$

(4) $\sqrt{0.06}=\sqrt{\dfrac{6}{100}}=\dfrac{\sqrt{6}}{\sqrt{100}}$
$$=\dfrac{\sqrt{6}}{\sqrt{10^2}}=\dfrac{\sqrt{6}}{10}$$

練習 11 (1) $\sqrt{28}\times\sqrt{27}=\sqrt{28\times27}=\sqrt{2^2\times7\times3^2\times3}$
$$=(2\times3)\sqrt{7\times3}=6\sqrt{21}$$

(2) $\sqrt{18}\times\sqrt{50}=\sqrt{18\times50}=\sqrt{3^2\times2\times5^2\times2}$
$$=3\times5\times2=30$$

(3) $\sqrt{24}\div\sqrt{300}=\sqrt{\dfrac{24}{300}}=\sqrt{\dfrac{2^2\times6}{10^2\times3}}$
$$=\dfrac{2}{10}\sqrt{\dfrac{6}{3}}=\dfrac{\sqrt{2}}{5}$$

練習 12 (1) $\dfrac{3}{\sqrt{5}}=\dfrac{3\times\sqrt{5}}{\sqrt{5}\times\sqrt{5}}=\dfrac{3\sqrt{5}}{5}$

(2) $\dfrac{4}{\sqrt{6}}=\dfrac{4\times\sqrt{6}}{\sqrt{6}\times\sqrt{6}}=\dfrac{4\sqrt{6}}{6}=\dfrac{2\sqrt{6}}{3}$

(3) $\dfrac{5}{2\sqrt{3}}=\dfrac{5\times\sqrt{3}}{2\sqrt{3}\times\sqrt{3}}$

$=\dfrac{5\sqrt{3}}{2\times3}=\dfrac{5\sqrt{3}}{6}$

(4) $\dfrac{4}{3\sqrt{2}}=\dfrac{4\times\sqrt{2}}{3\sqrt{2}\times\sqrt{2}}$

$=\dfrac{4\sqrt{2}}{3\times2}=\dfrac{2\sqrt{2}}{3}$

(5) $\dfrac{7}{\sqrt{18}}=\dfrac{7}{3\sqrt{2}}=\dfrac{7\times\sqrt{2}}{3\sqrt{2}\times\sqrt{2}}$

$=\dfrac{7\sqrt{2}}{3\times2}=\dfrac{7\sqrt{2}}{6}$

練習 13 (1) $\sqrt{3}\div\sqrt{5}=\dfrac{\sqrt{3}}{\sqrt{5}}$

$=\dfrac{\sqrt{3}\times\sqrt{5}}{\sqrt{5}\times\sqrt{5}}=\dfrac{\sqrt{15}}{5}$

(2) $\sqrt{18}\div\sqrt{7}=\dfrac{\sqrt{18}}{\sqrt{7}}=\dfrac{3\sqrt{2}}{\sqrt{7}}$

$=\dfrac{3\sqrt{2}\times\sqrt{7}}{\sqrt{7}\times\sqrt{7}}=\dfrac{3\sqrt{14}}{7}$

(3) $\sqrt{50}\div\sqrt{3}=\dfrac{\sqrt{50}}{\sqrt{3}}=\dfrac{5\sqrt{2}}{\sqrt{3}}$

$=\dfrac{5\sqrt{2}\times\sqrt{3}}{\sqrt{3}\times\sqrt{3}}=\dfrac{5\sqrt{6}}{3}$

練習 14 (1) $4\sqrt{2}+7\sqrt{2}=(4+7)\sqrt{2}=11\sqrt{2}$

(2) $3\sqrt{3}-4\sqrt{3}=(3-4)\sqrt{3}$

$=-\sqrt{3}$

(3) $-3\sqrt{5}+\sqrt{5}-2\sqrt{5}=(-3+1-2)\sqrt{5}$

$=-4\sqrt{5}$

(4) $5\sqrt{11}-2\sqrt{11}-3\sqrt{11}=(5-2-3)\sqrt{11}$

$=0\sqrt{11}=0$

練習 15 (1) $3\sqrt{5}-2\sqrt{3}-\sqrt{5}+3\sqrt{3}$

$=(3-1)\sqrt{5}+(-2+3)\sqrt{3}$

$=2\sqrt{5}+\sqrt{3}$

(2) $\sqrt{2}+5\sqrt{3}-3\sqrt{2}-(-2\sqrt{3})$

$=\sqrt{2}+5\sqrt{3}-3\sqrt{2}+2\sqrt{3}$

$=(1-3)\sqrt{2}+(5+2)\sqrt{3}$

$=-2\sqrt{2}+7\sqrt{3}$

(3) $6\sqrt{5}-4\sqrt{5}+\sqrt{7}-2\sqrt{5}-7\sqrt{7}$

$=(6-4-2)\sqrt{5}+(1-7)\sqrt{7}$

$=0\sqrt{5}-6\sqrt{7}$

$=-6\sqrt{7}$

練習 16 (1) $\sqrt{50}-\sqrt{32}=5\sqrt{2}-4\sqrt{2}=\sqrt{2}$

(2) $\sqrt{18}+\sqrt{8}-\sqrt{72}$

$=3\sqrt{2}+2\sqrt{2}-6\sqrt{2}$

$=-\sqrt{2}$

(3) $\sqrt{108}-\sqrt{75}+\sqrt{27}$

$=6\sqrt{3}-5\sqrt{3}+3\sqrt{3}$

$=4\sqrt{3}$

(4) $\sqrt{125}-\sqrt{245}+\sqrt{20}$

$=5\sqrt{5}-7\sqrt{5}+2\sqrt{5}$

$=0$

練習 17 (1) $\sqrt{45}+\dfrac{20}{\sqrt{5}}=3\sqrt{5}+\dfrac{20\sqrt{5}}{5}$

$=3\sqrt{5}+4\sqrt{5}$

$=7\sqrt{5}$

(2) $\sqrt{48}-\dfrac{9}{\sqrt{3}}=4\sqrt{3}-\dfrac{9\sqrt{3}}{3}$

$=4\sqrt{3}-3\sqrt{3}$

$=\sqrt{3}$

(3) $\dfrac{10}{\sqrt{2}}-3\sqrt{8}+\sqrt{18}$

$=\dfrac{10\sqrt{2}}{2}-6\sqrt{2}+3\sqrt{2}$

$=5\sqrt{2}-6\sqrt{2}+3\sqrt{2}$

$=2\sqrt{2}$

(4) $-\sqrt{24}+\dfrac{2\sqrt{3}}{\sqrt{2}}-\dfrac{3}{\sqrt{6}}$

$=-2\sqrt{6}+\dfrac{2\sqrt{6}}{2}-\dfrac{3\sqrt{6}}{6}$

$=-2\sqrt{6}+\sqrt{6}-\dfrac{\sqrt{6}}{2}$

$=-\dfrac{3\sqrt{6}}{2}$

練習 18 (1) $\sqrt{2}(\sqrt{3}-\sqrt{2})$

$=\sqrt{2}\times\sqrt{3}-\sqrt{2}\times\sqrt{2}$

$=\sqrt{6}-2$

(2) $(\sqrt{18}-\sqrt{12})\div\sqrt{2}$

$=\dfrac{\sqrt{18}}{\sqrt{2}}-\dfrac{\sqrt{12}}{\sqrt{2}}$

$=\sqrt{9}-\sqrt{6}$

$=3-\sqrt{6}$

(3) $(\sqrt{3}-\sqrt{2})(7+\sqrt{6})$
$=\sqrt{3}\times7+\sqrt{3}\times\sqrt{6}-\sqrt{2}\times7-\sqrt{2}\times\sqrt{6}$
$=7\sqrt{3}+3\sqrt{2}-7\sqrt{2}-2\sqrt{3}$
$=\mathbf{5\sqrt{3}-4\sqrt{2}}$

(4) $(-1+\sqrt{14})(-3\sqrt{7}-2\sqrt{2})$
$=-1\times(-3\sqrt{7})-1\times(-2\sqrt{2})$
$\qquad +\sqrt{14}\times(-3\sqrt{7})+\sqrt{14}\times(-2\sqrt{2})$
$=3\sqrt{7}+2\sqrt{2}-21\sqrt{2}-4\sqrt{7}$
$=\mathbf{-\sqrt{7}-19\sqrt{2}}$

練習19 (1) $(5+\sqrt{2})^2$
$=5^2+2\times\sqrt{2}\times5+(\sqrt{2})^2$
$=25+10\sqrt{2}+2$
$=\mathbf{27+10\sqrt{2}}$

(2) $(2\sqrt{3}-1)^2$
$=(2\sqrt{3})^2-2\times1\times2\sqrt{3}+1^2$
$=12-4\sqrt{3}+1=\mathbf{13-4\sqrt{3}}$

(3) $(\sqrt{6}-\sqrt{3})(\sqrt{6}+\sqrt{3})$
$=(\sqrt{6})^2-(\sqrt{3})^2=6-3=\mathbf{3}$

(4) $(3\sqrt{2}+1)(3\sqrt{2}-5)$
$=(3\sqrt{2})^2+(1-5)\times3\sqrt{2}+1\times(-5)$
$=18-12\sqrt{2}-5$
$=\mathbf{13-12\sqrt{2}}$

練習20 (1) $\dfrac{1}{\sqrt{5}-\sqrt{3}}$
$=\dfrac{\sqrt{5}+\sqrt{3}}{(\sqrt{5}-\sqrt{3})(\sqrt{5}+\sqrt{3})}$
$=\dfrac{\sqrt{5}+\sqrt{3}}{5-3}$
$=\mathbf{\dfrac{\sqrt{5}+\sqrt{3}}{2}}$

(2) $\dfrac{1}{\sqrt{3}+\sqrt{2}}=\dfrac{\sqrt{3}-\sqrt{2}}{(\sqrt{3}+\sqrt{2})(\sqrt{3}-\sqrt{2})}$
$=\dfrac{\sqrt{3}-\sqrt{2}}{3-2}$
$=\mathbf{\sqrt{3}-\sqrt{2}}$

(3) $\dfrac{2\sqrt{2}}{\sqrt{5}+1}=\dfrac{2\sqrt{2}(\sqrt{5}-1)}{(\sqrt{5}+1)(\sqrt{5}-1)}$
$=\dfrac{2\sqrt{10}-2\sqrt{2}}{5-1}$
$=\dfrac{2\sqrt{10}-2\sqrt{2}}{4}$
$=\mathbf{\dfrac{\sqrt{10}-\sqrt{2}}{2}}$

練習21 $x^2-y^2=(x+y)(x-y)$
$(x+y)(x-y)$ に $x=\sqrt{5}+\sqrt{7}$, $y=\sqrt{5}-\sqrt{7}$ を
代入して
$(x+y)(x-y)=\{(\sqrt{5}+\sqrt{7})+(\sqrt{5}-\sqrt{7})\}$
$\qquad\qquad\qquad\times\{(\sqrt{5}+\sqrt{7})-(\sqrt{5}-\sqrt{7})\}$
$\qquad\qquad =2\sqrt{5}\times2\sqrt{7}$
$\qquad\qquad =\mathbf{4\sqrt{35}}$

練習22 $x^2+y^2=(x+y)^2-2xy$
$x+y=(\sqrt{6}-\sqrt{3})+(\sqrt{6}+\sqrt{3})$
$\qquad =2\sqrt{6}$
$xy=(\sqrt{6}-\sqrt{3})(\sqrt{6}+\sqrt{3})$
$\qquad =6-3=3$
であるから, $(x+y)^2-2xy$ に $x+y=2\sqrt{6}$, $xy=3$
を代入して
$(x+y)^2-2xy=(2\sqrt{6})^2-2\times3$
$\qquad\qquad\qquad =24-6=\mathbf{18}$

練習23 $3.5=\sqrt{3.5^2}=\sqrt{12.25}$
$\qquad 4.5=\sqrt{4.5^2}=\sqrt{20.25}$
であるから $\sqrt{12.25}<\sqrt{a}<\sqrt{20.25}$
よって $12.25<a<20.25$
したがって, 条件を満たす自然数 a は
$\qquad a=\mathbf{13, 14, 15, 16, 17, 18, 19, 20}$

練習24 $\sqrt{\dfrac{240}{a}}=\sqrt{\dfrac{2^4\times3\times5}{a}}$ である。

$\sqrt{\dfrac{240}{a}}$ が自然数となるのは, $\dfrac{240}{a}$ が自然数の2

乗の形になるときである。
よって, 条件を満たす自然数 a のうち, 最も小さ
いものは $\qquad a=3\times5=\mathbf{15}$

練習25 (1) 整数部分は **5**, 小数部分は **0.62**

(2) $7.5+1.8=9.3$ であるから
整数部分は **9**, 小数部分は **0.3**

(3) $1<\sqrt{2}<2$ であるから
整数部分は **1**, 小数部分は $\mathbf{\sqrt{2}-1}$

練習26 $3<\sqrt{10}<4$ であるから $a=3$
よって $b=\sqrt{10}-3$
したがって $a^2+b^2=3^2+(\sqrt{10}-3)^2$
$\qquad\qquad\qquad =9+(10-6\sqrt{10}+9)$
$\qquad\qquad\qquad =\mathbf{28-6\sqrt{10}}$

3 有理数と無理数 （本冊 $p.53〜56$）

練習27 (1) $\dfrac{1}{3}=0.333\cdots\cdots=\mathbf{0.\dot{3}}$

(2) $\dfrac{8}{9}=0.888\cdots\cdots=\mathbf{0.\dot{8}}$

(3) $\dfrac{3}{22}=0.1363636\cdots\cdots=\mathbf{0.1\dot{3}\dot{6}}$

(4) $\dfrac{15}{7}=2.142857142857\cdots\cdots=\mathbf{2.\dot{1}4285\dot{7}}$

練習28 (1) $0.\dot{1}=x$ とおくと
$$x=0.111\cdots\cdots$$
$$10x=1.111\cdots\cdots$$
よって $9x=1$

ゆえに $x=\dfrac{1}{9}$ 　　　　答 $\dfrac{1}{9}$

(2) $0.\dot{1}\dot{2}=x$ とおくと
$$x=\ \ 0.1212\cdots\cdots$$
$$100x=12.1212\cdots\cdots$$
よって $99x=12$

ゆえに $x=\dfrac{12}{99}=\dfrac{4}{33}$ 　　答 $\dfrac{4}{33}$

(3) $0.4\dot{5}=x$ とおくと　$x=0.4555\cdots\cdots$
$$10x=\ \ 4.555\cdots\cdots$$
$$100x=45.555\cdots\cdots$$
よって $90x=41$

ゆえに $x=\dfrac{41}{90}$ 　　答 $\dfrac{41}{90}$

(4) $0.\dot{6}4\dot{8}=x$ とおくと
$$x=\ \ \ 0.648648\cdots\cdots$$
$$1000x=648.648648\cdots\cdots$$
よって $999x=648$

ゆえに $x=\dfrac{648}{999}=\dfrac{24}{37}$ 　答 $\dfrac{24}{37}$

(5) $6.\dot{5}\dot{4}=x$ とおくと
$$x=\ \ \ 6.5454\cdots\cdots$$
$$100x=654.5454\cdots\cdots$$
よって $99x=648$

ゆえに $x=\dfrac{648}{99}=\dfrac{72}{11}$ 　答 $\dfrac{72}{11}$

練習29 (1) $0.3\dot{1}+0.3\dot{2}=\dfrac{28}{90}+\dfrac{29}{90}=\dfrac{57}{90}=\dfrac{19}{30}$
$$=0.6333\cdots\cdots=\mathbf{0.6\dot{3}}$$

(2) $0.\dot{3}\dot{6}\times0.2\dot{1}=\dfrac{36}{99}\times\dfrac{19}{90}=\dfrac{38}{495}$
$$=0.07676\cdots\cdots=\mathbf{0.0\dot{7}\dot{6}}$$

(3) $1.2\dot{5}\div0.0\dot{5}=\dfrac{124}{99}\div\dfrac{5}{90}=\dfrac{248}{11}$
$$=22.5454\cdots\cdots=\mathbf{22.\dot{5}\dot{4}}$$

練習30

	加法	減法	乗法	除法
自然数	○	×	○	×
整数	○	○	○	×
有理数	○	○	○	○
実数	○	○	○	○

4 近似値と有効数字 （本冊 $p.57, 58$）

練習31 (1) $\sqrt{300}=10\sqrt{3}=10\times1.732=\mathbf{17.32}$

(2) $\sqrt{48}=4\sqrt{3}=4\times1.732=\mathbf{6.928}$

(3) $\sqrt{1470}=7\sqrt{30}=7\times5.477=\mathbf{38.339}$

(4) $\sqrt{0.3}=\sqrt{\dfrac{30}{100}}=\dfrac{\sqrt{30}}{10}=\dfrac{5.477}{10}=\mathbf{0.5477}$

(5) $\dfrac{3}{5\sqrt{3}}=\dfrac{\sqrt{3}}{5}=\dfrac{1.732}{5}=\mathbf{0.3464}$

練習32 $\dfrac{2}{3}=0.666\cdots\cdots$ であるから，小数第 3 位を

四捨五入して得られる $\dfrac{2}{3}$ の近似値は　0.67

$\dfrac{2}{3}$ と近似値 0.67 の誤差は
$$0.67-\dfrac{2}{3}=\dfrac{201}{300}-\dfrac{200}{300}=\dfrac{1}{300}$$

練習33 (1) $\mathbf{2.173\times10^2}$ 　　(2) $\mathbf{1.4530\times10^3}$

(3) $\mathbf{6.28\times\dfrac{1}{10^3}}$ 　　(4) $\mathbf{3.70\times\dfrac{1}{10^2}}$

確認問題 （本冊 $p.59$）

問題1 (1) $\mathbf{\pm8}$ 　　(2) $\mathbf{\pm18}$ 　　(3) $\mathbf{\pm\dfrac{7}{15}}$

(4) $\mathbf{\pm1.6}$ 　　　(5) $\mathbf{\pm\sqrt{17}}$

問題2 (1) $\sqrt{100}=\sqrt{10^2}=\mathbf{10}$

(2) $-\sqrt{16}=-\sqrt{4^2}=\mathbf{-4}$

(3) $\sqrt{\dfrac{169}{49}}=\sqrt{\left(\dfrac{13}{7}\right)^2}=\mathbf{\dfrac{13}{7}}$

(4) $-\sqrt{0.04}=-\sqrt{0.2^2}=\mathbf{-0.2}$

(5) $\sqrt{121}=\sqrt{11^2}=\mathbf{11}$

問題3 (1) $\sqrt{7} \times \sqrt{10} = \sqrt{7 \times 10} = \sqrt{70}$

(2) $5\sqrt{6} = \sqrt{5^2 \times 6} = \sqrt{150}$

(3) $\dfrac{2\sqrt{5}}{3} = \dfrac{\sqrt{2^2 \times 5}}{\sqrt{3^2}} = \sqrt{\dfrac{2^2 \times 5}{3^2}} = \sqrt{\dfrac{20}{9}}$

(4) $\dfrac{5\sqrt{7}}{2\sqrt{3}} = \dfrac{\sqrt{5^2 \times 7}}{\sqrt{2^2 \times 3}} = \sqrt{\dfrac{5^2 \times 7}{2^2 \times 3}} = \sqrt{\dfrac{175}{12}}$

問題4 (1) $\dfrac{2}{\sqrt{5}} = \dfrac{2 \times \sqrt{5}}{\sqrt{5} \times \sqrt{5}} = \dfrac{2\sqrt{5}}{5}$

(2) $\dfrac{6\sqrt{7}}{\sqrt{3}} = \dfrac{6\sqrt{7} \times \sqrt{3}}{\sqrt{3} \times \sqrt{3}} = \dfrac{6\sqrt{21}}{3} = 2\sqrt{21}$

(3) $\dfrac{1}{\sqrt{5} - \sqrt{2}} = \dfrac{\sqrt{5} + \sqrt{2}}{(\sqrt{5} - \sqrt{2})(\sqrt{5} + \sqrt{2})}$

$\qquad = \dfrac{\sqrt{5} + \sqrt{2}}{5 - 2}$

$\qquad = \dfrac{\sqrt{5} + \sqrt{2}}{3}$

(4) $\dfrac{4}{\sqrt{7} - 3} = \dfrac{4(\sqrt{7} + 3)}{(\sqrt{7} - 3)(\sqrt{7} + 3)}$

$\qquad = \dfrac{4(\sqrt{7} + 3)}{7 - 9}$

$\qquad = \dfrac{4(\sqrt{7} + 3)}{-2}$

$\qquad = -2(\sqrt{7} + 3)$

問題5 (1) $\sqrt{32} - \sqrt{8} + \sqrt{72}$

$\qquad = 4\sqrt{2} - 2\sqrt{2} + 6\sqrt{2}$

$\qquad = 8\sqrt{2}$

(2) $\sqrt{48} - 2\sqrt{8} + 5\sqrt{27} - \sqrt{50}$

$\qquad = 4\sqrt{3} - 4\sqrt{2} + 15\sqrt{3} - 5\sqrt{2}$

$\qquad = 19\sqrt{3} - 9\sqrt{2}$

(3) $\left(\dfrac{10}{\sqrt{5}} - \dfrac{3}{\sqrt{2}}\right) \times \sqrt{8}$

$\qquad = \left(\dfrac{10\sqrt{5}}{5} - \dfrac{3\sqrt{2}}{2}\right) \times 2\sqrt{2}$

$\qquad = 2\sqrt{5} \times 2\sqrt{2} - \dfrac{3\sqrt{2}}{2} \times 2\sqrt{2}$

$\qquad = 4\sqrt{10} - 6$

(4) $(4\sqrt{3} + 3\sqrt{2} - 6) \div 2\sqrt{6}$

$\qquad = \dfrac{4\sqrt{3}}{2\sqrt{6}} + \dfrac{3\sqrt{2}}{2\sqrt{6}} - \dfrac{6}{2\sqrt{6}}$

$\qquad = \dfrac{2}{\sqrt{2}} + \dfrac{3}{2\sqrt{3}} - \dfrac{3}{\sqrt{6}}$

$\qquad = \dfrac{2\sqrt{2}}{2} + \dfrac{3\sqrt{3}}{2 \times 3} - \dfrac{3\sqrt{6}}{6}$

$\qquad = \sqrt{2} + \dfrac{\sqrt{3}}{2} - \dfrac{\sqrt{6}}{2}$

(5) $(3\sqrt{5} - 2)(2\sqrt{5} + 3)$

$\qquad = 3 \times 2 \times (\sqrt{5})^2 + \{3 \times 3 + (-2) \times 2\}\sqrt{5} + (-2) \times 3$

$\qquad = 30 + 5\sqrt{5} - 6$

$\qquad = 24 + 5\sqrt{5}$

(6) $(5\sqrt{2} - 4\sqrt{3})^2$

$\qquad = (5\sqrt{2})^2 - 2 \times 4\sqrt{3} \times 5\sqrt{2} + (4\sqrt{3})^2$

$\qquad = 50 - 40\sqrt{6} + 48$

$\qquad = 98 - 40\sqrt{6}$

問題6 $\sqrt{28a} = \sqrt{2^2 \times 7 \times a}$ である。

$\sqrt{28a}$ が自然数となるのは，$28a$ が自然数の2乗の形になるときである。

よって，条件を満たす自然数 a のうち，最も小さいものは $\quad a = 7$

問題7 $\sqrt{4} < \sqrt{7} < \sqrt{9}$ であるから

$\qquad 2 < \sqrt{7} < 3$

よって，$\sqrt{7}$ の整数部分は $\quad 2$

ゆえに，$\sqrt{7}$ の小数部分 x は $\quad x = \sqrt{7} - 2$

したがって

$\quad x^2 + 4x = x(x + 4)$

$\qquad = (\sqrt{7} - 2)\{(\sqrt{7} - 2) + 4\}$

$\qquad = (\sqrt{7} - 2)(\sqrt{7} + 2)$

$\qquad = 7 - 4$

$\qquad = 3$

別解 $x = \sqrt{7} - 2$ より $\quad x + 2 = \sqrt{7}$

両辺を2乗すると $\quad (x + 2)^2 = 7$

左辺を展開して $\quad x^2 + 4x + 4 = 7$

したがって $\quad x^2 + 4x = 3$

問題8 (1) 小数第3位を四捨五入して得られる

$\dfrac{4}{9}$ の近似値は $\quad 0.44$

$\dfrac{4}{9}$ と近似値 0.44 との誤差は

$\qquad 0.44 - \dfrac{4}{9} = \dfrac{99}{225} - \dfrac{100}{225} = -\dfrac{1}{225}$

(2) 小数第3位を四捨五入して得られる $\dfrac{10}{7}$ の近似値は $\quad 1.43$

$\dfrac{10}{7}$ と近似値 1.43 との誤差は

$\qquad 1.43 - \dfrac{10}{7} = \dfrac{1001}{700} - \dfrac{1000}{700} = \dfrac{1}{700}$

演習問題A （本冊 $p.60$）

問題 1 $4\sqrt{5}=\sqrt{80}$ より $8<4\sqrt{5}<9$

$2\sqrt{6}=\sqrt{24}$ より $4<2\sqrt{6}<5$

よって $4+4<2\sqrt{6}+4<5+4$

$\qquad 8<2\sqrt{6}+4<9$

$5\sqrt{2}=\sqrt{50}$ より $7<5\sqrt{2}<8$

よって $7+2<5\sqrt{2}+2<8+2$

$\qquad 9<5\sqrt{2}+2<10$

$3\sqrt{7}=\sqrt{63}$ より $7<3\sqrt{7}<8$

よって $7+1<3\sqrt{7}+1<8+1$

$\qquad 8<3\sqrt{7}+1<9$

したがって，最も大きい数は $\boldsymbol{5\sqrt{2}+2}$

問題 2 (1) $\dfrac{3}{\sqrt{3}}+2\sqrt{48}-\sqrt{75}-\dfrac{10\sqrt{6}}{\sqrt{2}}$

$\qquad =\sqrt{3}+8\sqrt{3}-5\sqrt{3}-10\sqrt{3}$

$\qquad =\boldsymbol{-6\sqrt{3}}$

(2) $\dfrac{2}{\sqrt{2}}(\sqrt{8}-1)+\dfrac{2\sqrt{6}}{\sqrt{3}}-4$

$\quad =\sqrt{2}(2\sqrt{2}-1)+2\sqrt{2}-4$

$\quad =4-\sqrt{2}+2\sqrt{2}-4$

$\quad =\boldsymbol{\sqrt{2}}$

(3) $\dfrac{3+\sqrt{2}}{\sqrt{3}}-\dfrac{2+\sqrt{8}}{\sqrt{6}}$

$\quad =\dfrac{\sqrt{3}(3+\sqrt{2})}{3}-\dfrac{\sqrt{6}(2+\sqrt{8})}{6}$

$\quad =\dfrac{3\sqrt{3}+\sqrt{6}}{3}-\dfrac{2\sqrt{6}+4\sqrt{3}}{6}$

$\quad =\dfrac{3\sqrt{3}+\sqrt{6}-\sqrt{6}-2\sqrt{3}}{3}$

$\quad =\dfrac{\boldsymbol{\sqrt{3}}}{\boldsymbol{3}}$

(4) $(\sqrt{3}-\sqrt{18})(\sqrt{3}-\sqrt{2})+\dfrac{24}{\sqrt{6}}$

$\quad =(\sqrt{3}-3\sqrt{2})(\sqrt{3}-\sqrt{2})+\dfrac{24\sqrt{6}}{6}$

$\quad =3-4\sqrt{6}+6+4\sqrt{6}$

$\quad =\boldsymbol{9}$

(5) $\left(\dfrac{\sqrt{5}+3}{\sqrt{6}}\right)^2-\left(\dfrac{\sqrt{5}-3}{\sqrt{6}}\right)^2$

$\quad =\left(\dfrac{\sqrt{5}+3}{\sqrt{6}}+\dfrac{\sqrt{5}-3}{\sqrt{6}}\right)\left(\dfrac{\sqrt{5}+3}{\sqrt{6}}-\dfrac{\sqrt{5}-3}{\sqrt{6}}\right)$

$\quad =\dfrac{2\sqrt{5}}{\sqrt{6}}\times\dfrac{6}{\sqrt{6}}$

$\quad =\boldsymbol{2\sqrt{5}}$

(6) $(2+\sqrt{3}+\sqrt{7})(2+\sqrt{3}-\sqrt{7})$

$\quad =\{(2+\sqrt{3})+\sqrt{7}\}\{(2+\sqrt{3})-\sqrt{7}\}$

$\quad =(2+\sqrt{3})^2-(\sqrt{7})^2$

$\quad =4+4\sqrt{3}+3-7$

$\quad =\boldsymbol{4\sqrt{3}}$

問題 3 $\sqrt{2}\,x-\sqrt{2}<2-x$

$\qquad \sqrt{2}\,x+x<2+\sqrt{2}$

$\qquad (\sqrt{2}+1)x<2+\sqrt{2}$

$\sqrt{2}+1$ は正の数であるから，不等式の両辺を $\sqrt{2}+1$ でわっても不等号の向きは変わらない。

よって $\qquad x<\dfrac{2+\sqrt{2}}{\sqrt{2}+1}$

$\qquad \dfrac{2+\sqrt{2}}{\sqrt{2}+1}=\dfrac{(2+\sqrt{2})(\sqrt{2}-1)}{(\sqrt{2}+1)(\sqrt{2}-1)}$

$\qquad\qquad\quad =\dfrac{2\sqrt{2}-2+2-\sqrt{2}}{2-1}$

$\qquad\qquad\quad =\sqrt{2}$

したがって $\boldsymbol{x<\sqrt{2}}$

参考 $\dfrac{2+\sqrt{2}}{\sqrt{2}+1}$ から $\sqrt{2}$ への変形は

$\qquad \dfrac{2+\sqrt{2}}{\sqrt{2}+1}=\dfrac{\sqrt{2}(\sqrt{2}+1)}{\sqrt{2}+1}=\sqrt{2}$

としてもよい。

問題 4 $(a+b)^2=a^2+2ab+b^2$

$a-b=2\sqrt{3}$ の両辺を 2 乗すると

$\qquad (a-b)^2=(2\sqrt{3})^2$

$\qquad a^2-2ab+b^2=12$

$ab=3$ であるから

$\qquad a^2-6+b^2=12$

すなわち $a^2+b^2=18$

よって $a^2+2ab+b^2=18+2\times3$

$\qquad\qquad\qquad\qquad =\boldsymbol{24}$

参考 $(a+b)^2=(a-b)^2+4ab$

$\qquad\qquad\quad =(2\sqrt{3})^2+4\times3$

$\qquad\qquad\quad =24$

と計算することもできる。

問題 5 $4=\sqrt{16}$，$6=\sqrt{36}$ であるから

$\qquad\qquad \sqrt{16}<\sqrt{5n}<\sqrt{36}$

よって $16<5n<36$

すなわち $3.2<n<7.2$

したがって $\boldsymbol{n=4,\ 5,\ 6,\ 7}$

問題6 (1) ②　　　　　　　　(2) ①

(3) ①　　　　　　　　(4) ④

(5) $\sqrt{49}=7$　　　　　よって　③

(6) $\sqrt{12}=2\sqrt{3}$　　　よって　④

(7) $\sqrt{(-6)^2}=6$　　　よって　③

(8) $-\sqrt{\dfrac{64}{25}}=-\dfrac{8}{5}$　　よって　①

(9) ①

問題7 (1) 小数第2位を四捨五入して得られる

$\dfrac{25712}{7}$ の近似値は　　3673.1

よって　　**3.6731×10^3**

(2) 小数第4位を四捨五入して得られる $\dfrac{9}{130}$ の

近似値は　0.069

よって　　**$6.9\times\dfrac{1}{10^2}$**

演習問題B （本冊 *p.*61）

問題8 (1) **正しい**

(2) **正しくない**

$[\{-\sqrt{(-3)^2}\}^2=(-\sqrt{9})^2=9$ となる$]$

(3) **正しい**

(4) **正しくない**

$[7$ の平方根は $\sqrt{7}$ と $-\sqrt{7}$ の2つ$]$

(5) **正しくない**

[負の数の平方根は考えない]

(6) **正しくない**

$[-\sqrt{(-13)^2}=-13,\ -13$ は有理数$]$

(7) **正しい**

$[\sqrt{2.25}=\sqrt{1.5^2}=1.5]$

(8) **正しくない**

$[\sqrt{50}=\sqrt{5}\sqrt{10}$ より $\sqrt{10}$ 倍$]$

問題9 (1) $x+y=(\sqrt{7}+\sqrt{5})+(\sqrt{7}-\sqrt{5})$
$=\mathbf{2\sqrt{7}}$

(2) $xy=(\sqrt{7}+\sqrt{5})(\sqrt{7}-\sqrt{5})$
$=7-5=\mathbf{2}$

(3) $x^2+y^2=(x+y)^2-2xy$
$=(2\sqrt{7})^2-2\times2$
$=28-4=\mathbf{24}$

(4) $\dfrac{y}{x}+\dfrac{x}{y}=\dfrac{y^2+x^2}{xy}=\dfrac{24}{2}=\mathbf{12}$

問題10 n は自然数であるから　$0\leqq10-n\leqq9$

よって　　　$0\leqq\sqrt{10-n}\leqq3$

$\sqrt{10-n}=0$ のとき，根号の中が0であればよい

から　　　$10-n=0$

$n=10$

同様に　$\sqrt{10-n}=1$ のとき　$10-n=1^2$

$n=9$

$\sqrt{10-n}=2$ のとき　$10-n=2^2$

$n=6$

$\sqrt{10-n}=3$ のとき　$10-n=3^2$

$n=1$

したがって，n の値は　**1，6，9，10**

問題11 整数部分が4となる数は，4以上5未満

の数であるから

$4\leqq\sqrt{3x-5}<5$

よって　　$4^2\leqq3x-5<5^2$

$21\leqq3x<30$

したがって　**$7\leqq x<10$**

問題12 $\dfrac{1}{2-\sqrt{3}}=\dfrac{2+\sqrt{3}}{(2-\sqrt{3})(2+\sqrt{3})}$

$=\dfrac{2+\sqrt{3}}{4-3}$

$=2+\sqrt{3}$

$1<\sqrt{3}<2$ であるから　$3<2+\sqrt{3}<4$

よって　$a=3$，

$b=(2+\sqrt{3})-a$

$=(2+\sqrt{3})-3=\sqrt{3}-1$

したがって

$a+b^2+2b+1=a+(b+1)^2$

$=3+\{(\sqrt{3}-1)+1\}^2$

$=\mathbf{6}$

問題13 (1) $\begin{cases}\sqrt{2}\,x+y=-1 & \cdots\cdots① \\ x-\sqrt{2}\,y=4\sqrt{2} & \cdots\cdots②\end{cases}$

①　　　　　　　$\sqrt{2}\,x+\ y=-1$

②$\times\sqrt{2}$　　$\underline{-)\ \sqrt{2}\,x-2y=\ \ 8}$

$3y=-9$

$y=-3$

$y=-3$ を②に代入すると

$x+3\sqrt{2}=4\sqrt{2}$

$x=\sqrt{2}$

よって　　**$x=\sqrt{2}$，$y=-3$**

(2) $\begin{cases} \sqrt{3}\,x+\sqrt{5}\,y=8 & \cdots\cdots \text{①} \\ \sqrt{5}\,x-\sqrt{3}\,y=8 & \cdots\cdots \text{②} \end{cases}$

①×$\sqrt{3}$ $3x+\sqrt{15}\,y=8\sqrt{3}$

②×$\sqrt{5}$ $\underline{+)\ \ 5x-\sqrt{15}\,y=8\sqrt{5}}$

$\qquad\qquad\qquad 8x\qquad\ \ =8\sqrt{3}+8\sqrt{5}$

$\qquad\qquad\qquad\quad\ x=\ \sqrt{3}+\ \sqrt{5}$

$x=\sqrt{3}+\sqrt{5}$ を ① に代入すると

$\qquad \sqrt{3}\,(\sqrt{3}+\sqrt{5})+\sqrt{5}\,y=8$

$\qquad\qquad 3+\sqrt{15}+\sqrt{5}\,y=8$

$\qquad\qquad\qquad\quad \sqrt{5}\,y=5-\sqrt{15}$

$\qquad\qquad\qquad\qquad\ y=\sqrt{5}-\sqrt{3}$

よって $x=\sqrt{3}+\sqrt{5}$, $y=\sqrt{5}-\sqrt{3}$

問題14 (1) 126166948 人を 10000000 人を単位とした概数で表すためには，1000000 の位を四捨五入すればよい。

よって   130000000 人

したがって，有効数字は   **1, 3**

(2) **1.3×10^{8} 人**

第3章　2次方程式

1　2次方程式の解き方 （本冊 p.64〜77）

練習1 (ア) $x^2=9$ を整理すると
$$x^2-9=0$$
よって，x についての2次方程式である。

(イ) $(x-2)(x+3)=4$ を整理すると
$$x^2+x-10=0$$
よって，x についての2次方程式である。

(ウ) $x(x-1)=(x+2)(x-5)$ を整理すると
$$2x+10=0$$
よって，x についての2次方程式ではない。

したがって　(ア)，(イ)

練習2 (ア) $x=-3$ を x^2+x-6 に代入すると
$$(-3)^2+(-3)-6=9-3-6=0$$
となり，$x=-3$ のときに $x^2+x-6=0$ が成り立つ。

よって，$x=-3$ は2次方程式 $x^2+x-6=0$ の解である。

(イ) $x=-3$ を x^2-2x に代入すると
$$(-3)^2-2\times(-3)=9+6=15$$
となり，$x=-3$ のときに $x^2-2x=3$ は成り立たない。

よって，$x=-3$ は2次方程式 $x^2-2x=3$ の解ではない。

(ウ) $x=-3$ を $2x(x+2)$ に代入すると
$$2\times(-3)\times(-3+2)=6$$
$x=-3$ を x^2+x に代入すると
$$(-3)^2+(-3)=6$$
よって，$x=-3$ のときに $2x(x+2)=x^2+x$ が成り立つ。

ゆえに，$x=-3$ は2次方程式 $2x(x+2)=x^2+x$ の解である。

したがって　(ア)，(ウ)

練習3 (1) $x^2-5x+6=0$
左辺を因数分解すると
$$(x-2)(x-3)=0$$
よって　$x-2=0$ または $x-3=0$
したがって　$x=2,\ 3$

(2) $x^2-64=0$
左辺を因数分解すると　$(x+8)(x-8)=0$
よって　$x+8=0$ または $x-8=0$
したがって　$x=\pm8$

(3) $x^2+2x=15$
15 を移項すると　　　　$x^2+2x-15=0$
左辺を因数分解すると　$(x-3)(x+5)=0$
よって　$x-3=0$ または $x+5=0$
したがって　$x=3,\ -5$

(4) $x^2+12x=-32$
-32 を移項すると　　$x^2+12x+32=0$
左辺を因数分解すると　$(x+4)(x+8)=0$
よって　$x+4=0$ または $x+8=0$
したがって　$x=-4,\ -8$

(5) $2x^2+5x-3=0$
左辺を因数分解すると　$(x+3)(2x-1)=0$
よって　$x+3=0$ または $2x-1=0$
したがって　$x=-3,\ \dfrac{1}{2}$

(6) $15x^2+19x=10$
10 を移項すると　　　　$15x^2+19x-10=0$
左辺を因数分解すると　$(3x+5)(5x-2)=0$
よって　$3x+5=0$ または $5x-2=0$
したがって　$x=-\dfrac{5}{3},\ \dfrac{2}{5}$

練習4 (1) $x^2-x=0$
左辺を因数分解すると　$x(x-1)=0$
よって　　　　$x=0$ または $x-1=0$
したがって　$x=0,\ 1$

(2) $x^2=7x$
$7x$ を移項すると　　　$x^2-7x=0$
左辺を因数分解すると　$x(x-7)=0$
よって　　　　$x=0$ または $x-7=0$
したがって　$x=0,\ 7$

(3) $4x^2+18x=0$
両辺を2でわると　　　$2x^2+9x=0$
左辺を因数分解すると　$x(2x+9)=0$
よって　　　　$x=0$ または $2x+9=0$
したがって　$x=0,\ -\dfrac{9}{2}$

練習 5 (1) $(x+4)^2=0$
よって $x+4=0$
したがって $\boldsymbol{x=-4}$

(2) $x^2-12x+36=0$
左辺を因数分解すると
$$(x-6)^2=0$$
よって $x-6=0$
したがって $\boldsymbol{x=6}$

(3) $9x^2+24x+16=0$
左辺を因数分解すると
$$(3x+4)^2=0$$
よって $3x+4=0$
したがって $\boldsymbol{x=-\dfrac{4}{3}}$

練習 6 (1) $\boldsymbol{x=\pm6}$

(2) $\boldsymbol{x=\pm\sqrt{5}}$

(3) $3x^2=48$
両辺を 3 でわると $x^2=16$
よって $\boldsymbol{x=\pm4}$

(4) $5x^2=15$
両辺を 5 でわると $x^2=3$
よって $\boldsymbol{x=\pm\sqrt{3}}$

練習 7 (1) $2x^2-50=0$
-50 を移項すると
$$2x^2=50$$
$$x^2=25$$
よって $\boldsymbol{x=\pm5}$

(2) $4x^2-9=0$
-9 を移項すると
$$4x^2=9$$
$$x^2=\frac{9}{4}$$
よって $\boldsymbol{x=\pm\dfrac{3}{2}}$

参考 因数分解を利用して，次のように解くこ
ともできる。
$$4x^2-9=0$$
左辺を因数分解すると
$$(2x+3)(2x-3)=0$$
よって $2x+3=0$ または $2x-3=0$
したがって $x=-\dfrac{3}{2},\ \dfrac{3}{2}$

(3) $48x^2-21=0$
-21 を移項すると
$$48x^2=21$$
$$x^2=\frac{7}{16}$$
よって $\boldsymbol{x=\pm\dfrac{\sqrt{7}}{4}}$

(4) $\dfrac{1}{2}x^2-\dfrac{4}{25}=0$
$-\dfrac{4}{25}$ を移項すると
$$\frac{1}{2}x^2=\frac{4}{25}$$
$$x^2=\frac{8}{25}$$
よって $\boldsymbol{x=\pm\dfrac{2\sqrt{2}}{5}}$

練習 8 (1) $(x-1)^2=49$
$$x-1=\pm7$$
$$x=1\pm7$$
よって $\boldsymbol{x=8,\ -6}$

(2) $(x+8)^2=6$
$$x+8=\pm\sqrt{6}$$
$$x=-8\pm\sqrt{6}$$
よって $\boldsymbol{x=-8+\sqrt{6},\ -8-\sqrt{6}}$
（$x=-8\pm\sqrt{6}$ のままでもよい）

(3) $(x+4)^2-25=0$
-25 を移項すると
$$(x+4)^2=25$$
$$x+4=\pm5$$
$$x=-4\pm5$$
よって $\boldsymbol{x=1,\ -9}$

(4) $(x+2)^2-5=0$
-5 を移項すると
$$(x+2)^2=5$$
$$x+2=\pm\sqrt{5}$$
$$x=-2\pm\sqrt{5}$$
よって $\boldsymbol{x=-2+\sqrt{5},\ -2-\sqrt{5}}$
（$x=-2\pm\sqrt{5}$ のままでもよい）

(5) $2(x+3)^2-18=0$
-18 を移項すると
$$2(x+3)^2=18$$
$$(x+3)^2=9$$
$$x+3=\pm3$$
$$x=-3\pm3$$
よって $\boldsymbol{x=0,\ -6}$

(6) $3(x-5)^2-24=0$

-24 を移項すると

$$3(x-5)^2=24$$
$$(x-5)^2=8$$
$$x-5=\pm2\sqrt{2}$$
$$x=5\pm2\sqrt{2}$$

よって $x=5+2\sqrt{2}$, $5-2\sqrt{2}$

（$x=5\pm2\sqrt{2}$ のままでもよい）

練習 9 (1) $x^2+6x+4=0$

4 を移項すると

$$x^2+6x=-4$$
$$x^2+6x+3^2=-4+3^2$$
$$(x+3)^2=5$$
$$x+3=\pm\sqrt{5}$$

よって $x=-3\pm\sqrt{5}$

(2) $x^2-4x-3=0$

-3 を移項すると

$$x^2-4x=3$$
$$x^2-4x+2^2=3+2^2$$
$$(x-2)^2=7$$
$$x-2=\pm\sqrt{7}$$

よって $x=2\pm\sqrt{7}$

(3) $x^2+3x-5=0$

-5 を移項すると

$$x^2+3x=5$$
$$x^2+3x+\left(\frac{3}{2}\right)^2=5+\left(\frac{3}{2}\right)^2$$
$$\left(x+\frac{3}{2}\right)^2=\frac{29}{4}$$
$$x+\frac{3}{2}=\pm\frac{\sqrt{29}}{2}$$

よって $x=\dfrac{-3\pm\sqrt{29}}{2}$

練習 10 (1) $3x^2+7x+1=0$

$$x=\frac{-7\pm\sqrt{7^2-4\times3\times1}}{2\times3}$$
$$=\frac{-7\pm\sqrt{37}}{6}$$

(2) $x^2-3x-3=0$

$$x=\frac{-(-3)\pm\sqrt{(-3)^2-4\times1\times(-3)}}{2\times1}$$
$$=\frac{3\pm\sqrt{21}}{2}$$

(3) $2x^2-5x+1=0$

$$x=\frac{-(-5)\pm\sqrt{(-5)^2-4\times2\times1}}{2\times2}$$
$$=\frac{5\pm\sqrt{17}}{4}$$

(4) $3x^2+6x-1=0$

$$x=\frac{-6\pm\sqrt{6^2-4\times3\times(-1)}}{2\times3}$$
$$=\frac{-6\pm\sqrt{48}}{6}=\frac{-6\pm4\sqrt{3}}{6}$$
$$=\frac{-3\pm2\sqrt{3}}{3}$$

練習 11 (1) $6x^2+x-2=0$

$$x=\frac{-1\pm\sqrt{1^2-4\times6\times(-2)}}{2\times6}$$
$$=\frac{-1\pm\sqrt{49}}{12}=\frac{-1\pm7}{12}$$

よって $x=\dfrac{6}{12}$, $\dfrac{-8}{12}$

すなわち $x=\dfrac{1}{2}$, $-\dfrac{2}{3}$

(2) $4x^2-5x-6=0$

$$x=\frac{-(-5)\pm\sqrt{(-5)^2-4\times4\times(-6)}}{2\times4}$$
$$=\frac{5\pm\sqrt{121}}{8}=\frac{5\pm11}{8}$$

よって $x=\dfrac{16}{8}$, $\dfrac{-6}{8}$

すなわち $x=2$, $-\dfrac{3}{4}$

(3) $5x^2-x-4=0$

$$x=\frac{-(-1)\pm\sqrt{(-1)^2-4\times5\times(-4)}}{2\times5}$$
$$=\frac{1\pm\sqrt{81}}{10}=\frac{1\pm9}{10}$$

よって $x=\dfrac{10}{10}$, $\dfrac{-8}{10}$

すなわち $x=1$, $-\dfrac{4}{5}$

(4) $4x^2+8x+3=0$

$$x=\frac{-8\pm\sqrt{8^2-4\times4\times3}}{2\times4}$$
$$=\frac{-8\pm\sqrt{16}}{8}=\frac{-8\pm4}{8}$$

よって $x=\dfrac{-4}{8}$, $\dfrac{-12}{8}$

すなわち $x=-\dfrac{1}{2}$, $-\dfrac{3}{2}$

練習12 (1) $x^2+2x-2=0$

$$x=\frac{-1\pm\sqrt{1^2-1\times(-2)}}{1}=-1\pm\sqrt{3}$$

(2) $2x^2-4x+1=0$

$$x=\frac{-(-2)\pm\sqrt{(-2)^2-2\times1}}{2}=\frac{2\pm\sqrt{2}}{2}$$

(3) $3x^2-2x-8=0$

$$x=\frac{-(-1)\pm\sqrt{(-1)^2-3\times(-8)}}{3}$$

$$=\frac{1\pm\sqrt{25}}{3}=\frac{1\pm5}{3}$$

よって $x=\dfrac{6}{3}, \dfrac{-4}{3}$

すなわち $x=2, -\dfrac{4}{3}$

(4) $5x^2-6x-8=0$

$$x=\frac{-(-3)\pm\sqrt{(-3)^2-5\times(-8)}}{5}$$

$$=\frac{3\pm\sqrt{49}}{5}=\frac{3\pm7}{5}$$

よって $x=\dfrac{10}{5}, \dfrac{-4}{5}$

すなわち $x=2, -\dfrac{4}{5}$

練習13 (1) $3(x^2+2x)-3x=1$

$$3x^2+6x-3x=1$$
$$3x^2+3x-1=0$$

よって $x=\dfrac{-3\pm\sqrt{3^2-4\times3\times(-1)}}{2\times3}$

$$=\frac{-3\pm\sqrt{21}}{6}$$

(2) $(3x+1)(3x-1)=x(7x+9)+4$

$$9x^2-1=7x^2+9x+4$$
$$2x^2-9x-5=0$$
$$(x-5)(2x+1)=0$$

よって $x-5=0$ または $2x+1=0$

したがって $x=5, -\dfrac{1}{2}$

(3) $\dfrac{1}{3}x^2-\dfrac{2}{3}x+\dfrac{2}{9}=0$

両辺に9をかけると

$$3x^2-6x+2=0$$

よって $x=\dfrac{-(-3)\pm\sqrt{(-3)^2-3\times2}}{3}$

$$=\frac{3\pm\sqrt{3}}{3}$$

(4) $1.6x^2+0.8x+0.1=0$

両辺に 10 をかけると

$$16x^2+8x+1=0$$
$$(4x+1)^2=0$$

よって $x=-\dfrac{1}{4}$

練習14 解の1つが -1 であるから，2次方程式 $2x^2+mx-3m^2=0$ に $x=-1$ を代入すると

$$2\times(-1)^2+m\times(-1)-3m^2=0$$

すなわち $3m^2+m-2=0$

$$(m+1)(3m-2)=0$$

したがって $m=-1, \dfrac{2}{3}$

練習15 解が -1 と -3 であるから，2次方程式 $x^2+ax+b=0$ に $x=-1$, $x=-3$ をそれぞれ代入すると

$$1-a+b=0 \quad\cdots\cdots①$$
$$9-3a+b=0 \quad\cdots\cdots②$$

①，②より $a=4, b=3$

練習16 (1) 2次方程式 $x^2+10x+25=0$ の判別式をDとすると

$$D=10^2-4\times1\times25=0$$

よって，実数解の個数は **1個**

(2) 2次方程式 $2x^2+3x+4=0$ の判別式をDとすると

$$D=3^2-4\times2\times4=-23<0$$

よって，実数解の個数は **0個**

(3) 2次方程式 $3x^2+7x+1=0$ の判別式をDとすると

$$D=7^2-4\times3\times1=37>0$$

よって，実数解の個数は **2個**

2　2次方程式の利用 (本冊 <i>p.</i>78〜80)

練習17 もとの自然数を x とおく。

x に3をたして5倍した数が、x から3をひいた数の2乗よりも6小さいから

$$5(x+3)=(x-3)^2-6$$
$$5x+15=x^2-6x+9-6$$
$$x^2-11x-12=0$$
$$(x+1)(x-12)=0$$

よって　$x=-1,\ 12$

x は自然数であるから、$x=-1$ はこの問題には適さない。

$x=12$ は問題に適している。　　　　　 **答** **12**

練習18 大きい正方形の1辺の長さを x cm とすると、小さい正方形の1辺の長さは $(10-x)$ cm と表される。

長い方の線分の長さが x cm であるから

$$5<x<10$$

2つの正方形の面積の和が 60 cm² であるから

$$x^2+(10-x)^2=60$$
$$x^2+100-20x+x^2=60$$
$$2x^2-20x+40=0$$
$$x^2-10x+20=0$$

これを解くと　$x=5\pm\sqrt{5}$

$5<x<10$ であるから、$x=5-\sqrt{5}$ はこの問題には適さない。

$x=5+\sqrt{5}$ は問題に適している。

答 $(5+\sqrt{5})$ **cm**

練習19 点Pが A を出発してから x 秒後の線分 PB、BQ の長さは

$$PB=20-2x\ (cm),\quad BQ=x\ (cm)$$

ここで、点Pは辺 AB 上、点Qは辺 BC 上にあるから　$0\leqq 20-2x\leqq 20,\ 0\leqq x\leqq 10$

よって　$0\leqq x\leqq 10$

△PBQ の面積について

$$\frac{1}{2}\times(20-2x)\times x=18$$
$$x(10-x)=18$$
$$x^2-10x+18=0$$

これを解くと　$x=5\pm\sqrt{7}$

$0<x<10$ であるから、これらは、ともに問題に適している。

答 $(5+\sqrt{7})$ **秒後と** $(5-\sqrt{7})$ **秒後**

確認問題 (本冊 <i>p.</i>81)

問題1 (1)　$x^2=144$

$$x=\pm 12$$

(2)　$3x^2=108$

$$x^2=36$$
$$x=\pm 6$$

(3)　$t^2-4t-21=0$

$$(t+3)(t-7)=0$$
$$t=-3,\ 7$$

(4)　$4x^2-39x+27=0$

$$(x-9)(4x-3)=0$$
$$x=9,\ \frac{3}{4}$$

(5)　$3x^2-24x+45=0$

$$x^2-8x+15=0$$
$$(x-3)(x-5)=0$$
$$x=3,\ 5$$

(6)　$x^2+9=-6x$

$$x^2+6x+9=0$$
$$(x+3)^2=0$$
$$x=-3$$

(7)　$(x-3)^2=100$

$$x-3=\pm 10$$
$$x=13,\ -7$$

(8)　$(2p+5)^2=16$

$$2p+5=\pm 4$$
$$2p=-1,\ -9$$
$$p=-\frac{1}{2},\ -\frac{9}{2}$$

(9)　$-x^2+x+7=0$

$$x^2-x-7=0$$
$$x=\frac{-(-1)\pm\sqrt{(-1)^2-4\times 1\times(-7)}}{2\times 1}$$
$$=\frac{1\pm\sqrt{29}}{2}$$

(10)　$x^2+5x+2=0$

$$x=\frac{-5\pm\sqrt{5^2-4\times 1\times 2}}{2\times 1}$$
$$=\frac{-5\pm\sqrt{17}}{2}$$

(11)　$a^2+4a-1=0$

$$a=\frac{-2\pm\sqrt{2^2-1\times(-1)}}{1}$$
$$=-2\pm\sqrt{5}$$

(12) $2x^2-14x-49=0$

$$x=\frac{-(-7)\pm\sqrt{(-7)^2-2\times(-49)}}{2}$$

$$=\frac{7\pm\sqrt{49\times3}}{2}=\boldsymbol{\frac{7\pm7\sqrt{3}}{2}}$$

(13) $(x+4)(x-4)=6x$

$$x^2-16=6x$$

$$x^2-6x-16=0$$

$$(x+2)(x-8)=0$$

$$\boldsymbol{x=-2,\ 8}$$

(14) $x(x-4)=12-5x$

$$x^2-4x=12-5x$$

$$x^2+x-12=0$$

$$(x-3)(x+4)=0$$

$$\boldsymbol{x=3,\ -4}$$

(15) $x(3x+2)=x^2-4x$

$$3x^2+2x=x^2-4x$$

$$2x^2+6x=0$$

$$x^2+3x=0$$

$$x(x+3)=0$$

$$\boldsymbol{x=0,\ -3}$$

(16) $3(x+1)(x-2)=2(x^2-2)$

$$3(x^2-x-2)=2x^2-4$$

$$x^2-3x-2=0$$

$$x=\frac{-(-3)\pm\sqrt{(-3)^2-4\times1\times(-2)}}{2\times1}$$

$$=\boldsymbol{\frac{3\pm\sqrt{17}}{2}}$$

問題 2 解が $x=\frac{1}{3}a$ であるから, 方程式 $a+4x=6ax$ に $x=\frac{1}{3}a$ を代入すると

$$a+4\times\frac{1}{3}a=6a\times\frac{1}{3}a$$

$$a+\frac{4}{3}a=2a^2$$

$$3a+4a=6a^2$$

$$6a^2-7a=0$$

$$a(6a-7)=0$$

よって $\boldsymbol{a=0,\ \dfrac{7}{6}}$

問題 3 (1) 2次方程式 $x^2+6x+1=0$ の判別式をDとすると

$$D=6^2-4\times1\times1=32>0$$

よって, 実数解の個数は **2個**

(2) 2次方程式 $2x^2-3x+5=0$ の判別式をDとすると

$$D=(-3)^2-4\times2\times5=-31<0$$

よって, 実数解の個数は **0個**

問題 4 $(x+4)^2-53=4(x+2)$

$$x^2+8x+16-53=4x+8$$

$$x^2+4x-45=0$$

$$(x-5)(x+9)=0$$

よって $x=5,\ -9$

x は正の整数であるから, $x=-9$ はこの問題には適さない。

$x=5$ は問題に適している。 〔答〕 $\boldsymbol{x=5}$

問題 5 三角形の底辺の長さをx cm とすると, 高さは $(x+3)$ cm と表される。

$x>0,\ x+3>0$ であるから $x>0$

三角形の面積について

$$\frac{1}{2}\times x\times(x+3)=20$$

$$x^2+3x-40=0$$

$$(x-5)(x+8)=0$$

よって $x=5,\ -8$

$x>0$ であるから, $x=-8$ はこの問題には適さない。

$x=5$ は問題に適している。 〔答〕 **5 cm**

問題 6 長方形の縦の長さをx cm とすると, 長方形の周囲の長さは 40 cm であるから, 横の長さは $(20-x)$ cm と表される。

$x>0,\ 20-x>0$ であるから $0<x<20$

2つの正方形と長方形の面積の関係から

$$x^2+(20-x)^2=2x(20-x)+16$$

$$4x^2-80x+384=0$$

$$x^2-20x+96=0$$

$$(x-8)(x-12)=0$$

よって $x=8,\ 12$

$0<x<20$ であるから, これらは, ともに問題に適している。

したがって, 長方形の縦と横の長さは 8 cm と 12 cm であるから, その面積は

$$8\times12=\boldsymbol{96\,(cm^2)}$$

演習問題A （本冊 $p.82$）

問題1 (1) $\dfrac{1}{6}x^2-\dfrac{1}{2}(x-1)-\dfrac{1}{3}=0$

$$x^2-3(x-1)-2=0$$
$$x^2-3x+1=0$$
$$x=\dfrac{-(-3)\pm\sqrt{(-3)^2-4\times1\times1}}{2\times1}$$
$$=\dfrac{3\pm\sqrt{5}}{2}$$

(2) $\qquad\dfrac{2x-1}{3}-\left(\dfrac{x+1}{3}\right)^2=-1$

$$\dfrac{2x-1}{3}-\dfrac{x^2+2x+1}{9}=-1$$
$$3(2x-1)-(x^2+2x+1)=-9$$
$$x^2-4x-5=0$$
$$(x+1)(x-5)=0$$
$$x=-1,\ 5$$

(3) $1.5x(2-0.5x)-0.25(x+4)=0.25x+1$

$$\dfrac{3}{2}x\left(2-\dfrac{1}{2}x\right)-\dfrac{1}{4}(x+4)=\dfrac{1}{4}x+1$$
$$3x-\dfrac{3}{4}x^2-\dfrac{1}{4}x-1=\dfrac{1}{4}x+1$$
$$12x-3x^2-x-4=x+4$$
$$3x^2-10x+8=0$$
$$(x-2)(3x-4)=0$$
$$x=2,\ \dfrac{4}{3}$$

[別解] もとの式の両辺に 100 をかけて
$$15x(20-5x)-25(x+4)=25x+100$$
として解いてもよい。

(4) $2(x-\sqrt{3})^2-3(x-\sqrt{3})-2=0$

$x-\sqrt{3}=t$ とおくと，方程式は次のように表される。
$$2t^2-3t-2=0$$
$$(t-2)(2t+1)=0$$
$$t=2,\ -\dfrac{1}{2}$$
$x=t+\sqrt{3}$ であるから
$$x=2+\sqrt{3},\ -\dfrac{1}{2}+\sqrt{3}$$

問題2 2次方程式 $x^2-4x+4=0$ の解を求めると
$$x^2-4x+4=0$$
$$(x-2)^2=0$$
$$x=2$$

解が 2 であるから，2次方程式
$3x^2+ax-24=0$ …… ① に $x=2$ を代入すると
$$3\times2^2+a\times2-24=0$$
$$2a=12$$
したがって $\qquad a=6$
$a=6$ を ① に代入すると
$$3x^2+6x-24=0$$
$$x^2+2x-8=0$$
$$(x-2)(x+4)=0$$
$$x=2,\ -4$$
よって，方程式 ① のもう1つの解は $\quad x=-4$

問題3 2次方程式 $x^2-6x-16=0$ の2つの解から，それぞれ 2 をひいた数が，2次方程式 $x^2+ax+b=0$ の2つの解である。
$x^2-6x-16=0$ を解くと
$$(x+2)(x-8)=0$$
$$x=-2,\ 8$$
よって，$x^2+ax+b=0$ …… ① の2つの解は
$$x=-4,\ 6$$
① に $x=-4$ を代入すると
$$(-4)^2+a\times(-4)+b=0$$
すなわち $-4a+b=-16$ …… ②
① に $x=6$ を代入すると
$$6^2+a\times6+b=0$$
すなわち $6a+b=-36$ …… ③
②，③ より $\qquad a=-2,\ b=-24$

問題4 $x^2-2x-1=0$ を解くと
$$x=\dfrac{-(-1)\pm\sqrt{(-1)^2-1\times(-1)}}{1}=1\pm\sqrt{2}$$
よって $a=1+\sqrt{2}$
$$2a^2-3a+1=(a-1)(2a-1)$$
$$=(1+\sqrt{2}-1)\{2(1+\sqrt{2})-1\}$$
$$=\sqrt{2}(2\sqrt{2}+1)$$
$$=4+\sqrt{2}$$
[別解] $x=1\pm\sqrt{2}$ より $a=1+\sqrt{2}$
a は方程式 $x^2-2x-1=0$ の解である。
よって $\qquad a^2-2a-1=0$
すなわち $\quad a^2=2a+1$
ゆえに $\quad 2a^2-3a+1=2(2a+1)-3a+1$
$$=4a+2-3a+1$$
$$=a+3$$
$$=1+\sqrt{2}+3$$
$$=4+\sqrt{2}$$

問題 5 x は自然数とする。
連続する 3 つの自然数を
$$x, \ x+1, \ x+2$$
とおくと
$$x(x+1)=(x+2)+79$$
$$x^2+x=x+81$$
$$x^2=81$$
$$x=\pm9$$
x は自然数であるから，$x=-9$ はこの問題には適さない。
$x=9$ は問題に適している。
よって，求める 3 つの数は **9, 10, 11**

問題 6 もとの長方形の縦の長さを $x\,\text{cm}$ とすると，横の長さは $4x\,\text{cm}$ と表されるから
$$(x+1)(4x+3)=x\times4x\times1.25$$
$$4x^2+7x+3=5x^2$$
$$x^2-7x-3=0$$
$$x=\frac{-(-7)\pm\sqrt{(-7)^2-4\times1\times(-3)}}{2\times1}$$
$$=\frac{7\pm\sqrt{61}}{2}$$
$x>0$ であるから，$x=\dfrac{7-\sqrt{61}}{2}$ はこの問題には適さない。
$x=\dfrac{7+\sqrt{61}}{2}$ は問題に適している。

答 $\dfrac{7+\sqrt{61}}{2}\,\text{cm}$

問題 7 道幅を $x\,\text{m}$ とすると $0<x<20$

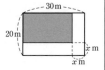

右の図のように，道を動かすと，花だんの面積について
$$(20-x)(30-x)=336$$
$$x^2-50x+264=0$$
$$(x-6)(x-44)=0$$
よって $x=6, \ 44$
$0<x<20$ であるから，$x=44$ はこの問題には適さない。
$x=6$ は問題に適している。

答 **6 m**

演習問題 **B** （本冊 *p.* 83）

問題 8 2 つの解が a，b であるから，2 次方程式 $x^2-6x+4=0$ に $x=a$，$x=b$ をそれぞれ代入すると
$$a^2-6a+4=0, \ b^2-6b+4=0$$
よって $a^2-6a=-4$，$b^2-6b+1=-3$
したがって
$$(a^2-6a)(b^2-6b+1)=(-4)\times(-3)$$
$$=\mathbf{12}$$

問題 9 2 次方程式 ① の判別式を D とすると
$$D=(-2)^2-4\times1\times m=4-4m$$
(1) ① が異なる 2 つの実数解をもつのは，$D>0$ のときである。
すなわち $4-4m>0$
よって $\boldsymbol{m<1}$
(2) ① がただ 1 つの実数解をもつのは，$D=0$ のときである。
すなわち $4-4m=0$
よって $\boldsymbol{m=1}$

問題 10 (1) 20 % の食塩水 100 g の中には，
$100\times\dfrac{20}{100}=20\,(\text{g})$ の食塩が含まれる。
1 回目の操作後の食塩の量は，最初の食塩の量の $\dfrac{100-x}{100}$ 倍であるから
$$20\times\frac{100-x}{100}=\frac{\mathbf{100-x}}{\mathbf{5}}\,(\text{g})$$
(2) 2 回目の操作後の容器 A の中の食塩の量は
$$\frac{100-x}{5}\times\frac{100-x}{100}=\frac{(100-x)^2}{500}\,(\text{g})$$
この量の食塩を含む 100 g の食塩水の濃度が 5 % であるから
$$\frac{(100-x)^2}{500}=100\times\frac{5}{100}$$
$$(100-x)^2=2500$$
$$100-x=\pm50$$
$$x=50, \ 150$$
$x<100$ であるから $\boldsymbol{x=50}$

問題11 (1) 点Bの x 座標が 2 であるから，点A
の x 座標も 2 である。

このとき，Aの y 座標は $2a+2$

また，BC＝AB＝$2a+2$ であるから，点Cの x
座標は

$$2+(2a+2)=2a+4$$

したがって，点Eの x 座標も **$2a+4$**

(2) 点Eの y 座標は

$$a(2a+4)+2=2a^2+4a+2$$

また，CG＝EC＝$2a^2+4a+2$ であるから，点
Gの x 座標は

$$(2a+4)+(2a^2+4a+2)=2a^2+6a+6$$

点Gの x 座標が 42 であるから

$$2a^2+6a+6=42$$
$$a^2+3a-18=0$$
$$(a-3)(a+6)=0$$
$$a=3, \ -6$$

$a>0$ であるから **$a=3$**

第4章 関数 $y=ax^2$

1 関数 $y=ax^2$ （本冊 $p.88, 89$）

練習1 (1) $y=6x^2$ 　y は x^2 に比例する

　　 (2) $y=2\pi x$ 　y は x^2 に比例しない

練習2 (1) y は x^2 に比例するから，比例定数を a とすると，$y=ax^2$ と表すことができる。

$x=-4$ のとき $y=-8$ であるから

$$-8=a\times(-4)^2$$
$$-8=16a$$
$$a=-\frac{1}{2}$$

よって 　$y=-\frac{1}{2}x^2$

(2) $y=-\frac{1}{2}x^2$ に，$x=2$ を代入すると

$$y=-\frac{1}{2}\times 2^2=-2$$

2 関数 $y=ax^2$ のグラフ （本冊 $p.90\sim94$）

練習3

x	-3	-2.5	-2	-1.5	-1	-0.5	0
y	9	6.25	4	2.25	1	0.25	0

	0.5	1	1.5	2	2.5	3
	0.25	1	2.25	4	6.25	9

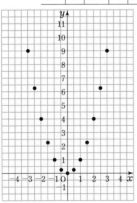

練習4

x	-1	-0.9	-0.8	-0.7	-0.6	-0.5
y	1	0.81	0.64	0.49	0.36	0.25

-0.4	-0.3	-0.2	-0.1	0	0.1	0.2	0.3
0.16	0.09	0.04	0.01	0	0.01	0.04	0.09

0.4	0.5	0.6	0.7	0.8	0.9	1
0.16	0.25	0.36	0.49	0.64	0.81	1

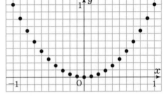

練習5

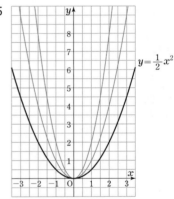

練習6

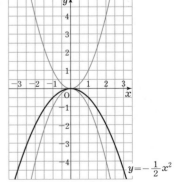

練習7 下に凸であるもの：①, ③, ⑤
 　　　　上に凸であるもの：②, ④, ⑥
 グラフの開きぐあいが最も大きいもの：③

3 関数 $y=ax^2$ の値の変化 （本冊 $p.95\sim99$）

練習8 (1) 最小値は **0** 　　(2) 最大値は **0**

練習9 (1) $x=-2$ のとき $y=-\dfrac{1}{2}\times(-2)^2=-2$

　　　　 $x=-1$ のとき $y=-\dfrac{1}{2}\times(-1)^2=-\dfrac{1}{2}$

よって，グラフは，右
の図の実線部分である。
したがって，求める値
域は

$$-2\leqq y\leqq -\dfrac{1}{2}$$

また，$x=-1$ のとき最大値 $-\dfrac{1}{2}$

　　 $x=-2$ のとき最小値 -2

(2) $x=-1$ のとき $y=-\dfrac{1}{2}\times(-1)^2=-\dfrac{1}{2}$

　　 $x=\dfrac{3}{2}$ のとき $y=-\dfrac{1}{2}\times\left(\dfrac{3}{2}\right)^2=-\dfrac{9}{8}$

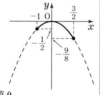

よって，グラフは，右
の図の実線部分である。
したがって，求める値
域は

$$-\dfrac{9}{8}\leqq y\leqq 0$$

また，$x=0$ のとき最大値 0

　　 $x=\dfrac{3}{2}$ のとき最小値 $-\dfrac{9}{8}$

(3) $x=-2$ のとき $y=-\dfrac{1}{2}\times(-2)^2=-2$

　　 $x=2$ のとき $y=-\dfrac{1}{2}\times2^2=-2$

よって，グラフは，右
の図の実線部分である。
したがって，求める値
域は

$$-2\leqq y\leqq 0$$

また，
$x=0$ のとき最大値 0
$x=-2,\ 2$ のとき最小値 -2

練習10 (1) $x=1$ のとき $y=-2\times1^2=-2$
　　　　　 $x=4$ のとき $y=-2\times4^2=-32$
 よって，変化の割合は

$$\dfrac{(-32)-(-2)}{4-1}=\dfrac{-30}{3}$$
$$=-10$$

(2) $x=-2$ のとき $y=-2\times(-2)^2=-8$
　　 $x=3$ のとき $y=-2\times3^2=-18$
 よって，変化の割合は

$$\dfrac{(-18)-(-8)}{3-(-2)}=\dfrac{-10}{5}$$
$$=-2$$

(3) $x=-4$ のとき $y=-2\times(-4)^2=-32$
　　 $x=4$ のとき $y=-2\times4^2=-32$
 よって，変化の割合は

$$\dfrac{(-32)-(-32)}{4-(-4)}=\dfrac{0}{8}$$
$$=0$$

練習11 $x=-1$ のとき $y=3\times(-1)^2=3$
　　　　　 $x=a$ のとき $y=3a^2$
 よって，x の値が -1 から a まで増加するときの
 変化の割合は

$$\dfrac{3a^2-3}{a-(-1)}=\dfrac{3(a+1)(a-1)}{a+1}\quad\cdots\cdots①$$

$a>-1$ より，$a+1$ は 0 ではないから，①の分母，
分子を $a+1$ でわると，変化の割合は

$$3(a-1)$$

となる。
(1) $3(a-1)=12$ より　$a=5$
(2) $3(a-1)=-3$ より　$a=0$

4 関数 $y=ax^2$ の利用 （本冊 $p.100\sim106$）

練習12 y は x^2 に比例するから，比例定数を a と
 すると，$y=ax^2$ と表すことができる。
 $x=6$ のとき $y=9$ であるから

$$9=a\times6^2$$
$$9=36a$$
$$a=\dfrac{1}{4}$$

よって　　$y=\dfrac{1}{4}x^2$

練習13 点Bの x 座標は -1 である。

よって，点Bの y 座標は
$$y=-(-1)^2=-1$$
したがって，点Cの y 座標は -1 となる。

点Cの x 座標は
$$-1=-\frac{1}{3}x^2$$
$$x^2=3$$
$$x=\pm\sqrt{3}$$
点Cの x 座標は負であるから $x=-\sqrt{3}$

よって，点Cの座標は $(-\sqrt{3}, -1)$

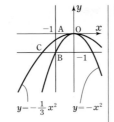

$y=-\frac{1}{3}x^2$　$y=-x^2$

練習14 (1)
$$x^2=x+6$$
$$x^2-x-6=0$$
$$(x+2)(x-3)=0$$
よって $x=-2, 3$

$x=-2$ のとき $y=4$
$x=3$ のとき $y=9$

したがって，共有点の座標は
$$(-2, 4), (3, 9)$$

(2)
$$2x^2=2x$$
$$x^2-x=0$$
$$x(x-1)=0$$
よって $x=0, 1$

$x=0$ のとき $y=0$
$x=1$ のとき $y=2$

したがって，共有点の座標は
$$(0, 0), (1, 2)$$

(3)
$$-\frac{1}{2}x^2=-x-4$$
$$x^2-2x-8=0$$
$$(x+2)(x-4)=0$$
よって $x=-2, 4$

$x=-2$ のとき $y=-2$
$x=4$ のとき $y=-8$

したがって，共有点の座標は
$$(-2, -2), (4, -8)$$

(4)
$$x^2=2x-1$$
$$x^2-2x+1=0$$
$$(x-1)^2=0$$
よって $x=1$

$x=1$ のとき $y=1$

したがって，共有点の座標は $(1, 1)$

練習15 点Cの y 座標は 6 であるから C$(0, 6)$

点Dの x 座標は 2 次方程式 $x^2=-x+6$ の解のうち，大きい方であるから
$$x=2$$
このとき $y=4$
よって D$(2, 4)$

(1) $\triangle$OAC$=\frac{1}{2}\times6\times3=\bf{9}$

(2) $\triangle$ODC$=\frac{1}{2}\times6\times2=6$

よって $\triangle$OAD$=\triangle$OAC$+\triangle$ODC
$$=9+6=\bf{15}$$

練習16 2 点 A，B の x 座標は，2 次方程式 $2x^2=x+3$ の解である。

これを解くと $2x^2-x-3=0$
$$(x+1)(2x-3)=0$$
よって $x=-1, \dfrac{3}{2}$

$x=-1$ のとき $y=2$
$x=\dfrac{3}{2}$ のとき $y=\dfrac{9}{2}$

よって A$(-1, 2)$，B$\left(\dfrac{3}{2}, \dfrac{9}{2}\right)$

直線 $y=x+3$ と y 軸との交点をCとすると，C$(0, 3)$ である。

ここで $\triangle$OAC$=\frac{1}{2}\times3\times1=\dfrac{3}{2}$，
$$\triangle\text{OBC}=\frac{1}{2}\times3\times\frac{3}{2}=\frac{9}{4}$$
したがって $\triangle$OAB$=\triangle$OAC$+\triangle$OBC
$$=\frac{3}{2}+\frac{9}{4}$$
$$=\frac{15}{4}$$

練習17 2 点 A，B は放物線 $y=-\dfrac{1}{3}x^2$ 上の点であるから
$$x=-3 \text{ のとき } y=-\frac{1}{3}\times(-3)^2=-3$$
$$x=6 \text{ のとき } y=-\frac{1}{3}\times6^2=-12$$
よって A$(-3, -3)$，B$(6, -12)$

$\triangle$OAB$=\triangle$OCB となるのは，共通の辺 OB を底辺として，高さが等しくなるときである。

よって，点Cは，点Aを通り，直線 OB に平行な直線と y 軸との交点である。

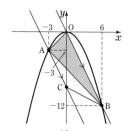

直線 OB の傾きは $\dfrac{-12}{6}=-2$ であるから，直線

OB に平行な直線の式は $y=-2x+k$ とおける。
この直線が点Aを通るとき
$$-3=-2\times(-3)+k$$
$$k=-9$$
よって，直線 OB に平行な直線の式は $y=-2x-9$
したがって，点Cの座標は $(0,\ -9)$

練習18 2点 A，B は放物線 $y=\dfrac{1}{2}x^2$ 上の点で

あるから

$x=-4$ のとき $y=\dfrac{1}{2}\times(-4)^2=8$

$x=6$ のとき $y=\dfrac{1}{2}\times6^2=18$

よって A$(-4,\ 8)$，B$(6,\ 18)$
Oを通り，△OAB の面積を2等分する直線は，
線分 AB の中点を通る。
線分 AB の中点の座標は
$$\left(\dfrac{-4+6}{2},\ \dfrac{8+18}{2}\right)$$
すなわち $(1,\ 13)$
よって，2点 $(0,\ 0)$，$(1,\ 13)$ を通る直線の式を求
めると
$$y=13x$$

練習19 点Pは放物線 $y=x^2$ 上の点であるから，
Pの座標は $(t,\ t^2)$ とおける。
ただし，$0<t<1$ である。
このとき，PQ$=t^2$，PR$=1-t$ である。
四角形 PQAR が正方形になるのは，PQ$=$PR の
ときであるから
$$t^2=1-t$$
すなわち $t^2+t-1=0$
これを解くと
$$t=\dfrac{-1\pm\sqrt{1^2-4\times1\times(-1)}}{2\times1}=\dfrac{-1\pm\sqrt{5}}{2}$$

$0<t<1$ であるから $t=\dfrac{-1+\sqrt{5}}{2}$

よって，Pの x 座標は $\dfrac{-1+\sqrt{5}}{2}$

5 いろいろな関数 （本冊 $p.107,\ 108$）

練習20 (1) $x=0.5$ のとき $y=0$
$x=1$ のとき $y=1$

(2)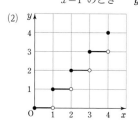

練習21 (1)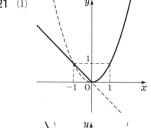

(2)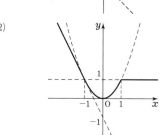

練習22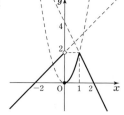

問題1 y は x^2 に比例するから，比例定数を a とすると，$y=ax^2$ と表すことができる。

$x=-2$ のとき $y=-10$ であるから

$$-10=a\times(-2)^2$$

$$a=-\frac{5}{2}$$

よって，関数は $y=-\frac{5}{2}x^2$ …… ①

(ア) $x=-1$ を ① に代入すると

$$y=-\frac{5}{2}\times(-1)^2=-\frac{5}{2}$$

(イ) $x=2$ を ① に代入すると

$$y=-\frac{5}{2}\times2^2=-10$$

別解 $y=-\frac{5}{2}x^2$ のグラフは，y 軸に関して対称であるから，$x=2$ のときの y の値は，$x=-2$ のときの y の値と同じである。

よって $y=-10$

(ウ) $y=-40$ を ① に代入すると

$$-40=-\frac{5}{2}x^2$$

$$x^2=16$$

(ウ) にあてはまる数は正の数であるから

$$x=4$$

問題2 (1) $x=1$ のとき $y=2\times1^2=2$

$x=3$ のとき $y=2\times3^2=18$

よって，変化の割合は

$$\frac{18-2}{3-1}=\frac{16}{2}=8$$

(2) $x=-1$ のとき $y=2\times(-1)^2=2$

$x=\frac{3}{2}$ のとき $y=2\times\left(\frac{3}{2}\right)^2=\frac{9}{2}$

よって，グラフは，右の図の実線部分である。

したがって，

$x=\frac{3}{2}$ のとき最大値 $\frac{9}{2}$

$x=0$ のとき最小値 0

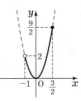

問題3 関数 $y=x^2$ の $n\leqq x\leqq2$ に対応する部分は，右の図の実線部分である。

よって，値域が $0\leqq y\leqq4$ となるような n の値の範囲は

$$-2\leqq n\leqq0$$

n は整数であるから $n=-2,\ -1,\ 0$

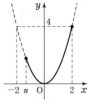

問題4 $x=-1$ のとき $y=a\times(-1)^2=a$

$x=3$ のとき $y=a\times3^2=9a$

よって，x の値が -1 から 3 まで増加するときの変化の割合は

$$\frac{9a-a}{3-(-1)}=\frac{8a}{4}=2a$$

であるから $2a=-6$

したがって $a=-3$

問題5 (1) 点Aは放物線 $y=ax^2$ 上の点であるから $8=a\times(-4)^2$

よって $a=\frac{1}{2}$

(2) 直線 AB の式を $y=px+q$ とおくと

$$\begin{cases}8=-4p+q\\2=2p+q\end{cases}$$

これを解くと $p=-1,\ q=4$

よって，直線 AB の式は

$$y=-x+4$$

(3) $OC=4$ であるから

$$\triangle AOC=\frac{1}{2}\times4\times4=8$$

(4) $\triangle BOC=\frac{1}{2}\times4\times2=4$

よって $\triangle OAB=\triangle AOC+\triangle BOC$

$$=8+4=12$$

(5) Aを通り，$\triangle AOC$ の面積を 2 等分する直線は，線分 OC の中点を通る。

線分 OC の中点の座標は $(0,\ 2)$

よって，2点 $(-4,\ 8)$，$(0,\ 2)$ を通る直線の式を求めると

$$y=-\frac{3}{2}x+2$$

演習問題A （本冊 *p.*110）

問題1 $-1 \leqq x \leqq 2$ のとき，
関数 $y=x^2$ の値域は
$$0 \leqq y \leqq 4$$
$a>0$ であるから，関数
$y=ax+b$ のグラフは右
上がりの直線となる。
よって $x=-1$ のとき $y=0$
$ x=2$ のとき $y=4$
となればよい。
したがって $0=-a+b$ …… ①
$ 4=2a+b$ …… ②
①，② より $a=\dfrac{4}{3}$, $b=\dfrac{4}{3}$

問題2 x の値が a から $a+2$ まで増加するときの
変化の割合は
$$\frac{(a+2)^2-a^2}{(a+2)-a}=\frac{4a+4}{2}=2a+2$$
であるから $2a+2=4$
よって $a=1$

問題3 (1) 点Cは関数 $y=x^2$ のグラフ上の点で
あるから，点Cの y 座標は
$$y=4^2=16$$
よって $\triangle OCB=\dfrac{1}{2} \times 6 \times 16=48$

(2) 点Aは関数 $y=x^2$ のグラフ上の点であるか
ら，点Aの y 座標は
$$y=(-3)^2=9$$
$\triangle OAB$ と $\triangle OPB$ は辺 OB が共通であるから，
辺 OB を 2 つの三角形の底辺とすると，
$\triangle OPB=2\triangle OAB$ になるのは，$\triangle OPB$ の高さ
が $\triangle OAB$ の高さの 2 倍になるときである。
点Pの y 座標は正であるから，点Pの y 座標が
点Aの y 座標の 2 倍になればよい。
したがって，点Pの y 座標は
$$y=9 \times 2=18$$
点Pは関数 $y=x^2$ のグラフ上の点であるから，
$y=18$ を $y=x^2$ に代入すると
$$18=x^2$$
$$x=\pm 3\sqrt{2}$$
よって，求める点Pの x 座標は
$$-3\sqrt{2}, \ 3\sqrt{2}$$

問題4 (1) 点Aの y 座標は $4a^2$
よって，点Dの y 座標は $4a^2$ となる。
点Dの x 座標は $4a^2=x^2$
を解いて $x=\pm 2a$
点Dの x 座標は正であるから $x=2a$
したがって，点Dの座標は $(2a, 4a^2)$

(2) 点Bの y 座標は a^2
よって $AB=4a^2-a^2=3a^2$
また $AD=2a-a=a$
したがって，四角形 ABCD の面積は
$$3a^2 \times a=3a^3$$

(3) $AB=AD$ となればよいから
$$3a^2=a$$
$$3a^2-a=0$$
$$a(3a-1)=0$$
$a>0$ であるから
$$a=\frac{1}{3}$$

演習問題B （本冊 *p.*111）

問題5 放物線と直線の共有点がただ 1 つになるた
めには，放物線の式と直線の式を連立方程式と考
えて y を消去した x の 2 次方程式が
$$(ax+b)^2=0$$
の形になればよい。
2 つの式から y を消去すると
$$x^2=8x+m$$
よって $x^2-8x-m=0$ …… ①
一方 $(x-4)^2=x^2-8x+16$ である。
すなわち $x^2-8x=(x-4)^2-16$
これを利用して ① の左辺を変形すると
$$(x-4)^2-16-m=0$$
ゆえに，$-16-m=0$ となればよい。
したがって $m=-16$

別解 本冊 *p.*77 の判別式の考えを使って，次の
ように解いてもよい。
2 次方程式 ① の判別式を D とすると
$$D=(-8)^2-4 \times 1 \times (-m)$$
$$=64+4m$$
① の実数解がただ 1 つであるとき
$$D=0$$
すなわち $64+4m=0$
これを解いて $m=-16$

問題 6 (1)　2点 B, C は，ともに放物線 $y=\dfrac{1}{4}x^2$

上の点であるから，

点 B の y 座標は　$y=\dfrac{1}{4}\times(-4)^2=4$

点 C の y 座標は　$y=\dfrac{1}{4}\times8^2=16$

よって，2点 B, C の座標はそれぞれ

$\quad(-4,\ 4),\ (8,\ 16)$

直線 ℓ の式を $y=ax+b$ とおくと

$\begin{cases} 4=-4a+b \\ 16=8a+b \end{cases}$

これを解くと　$a=1,\ b=8$

したがって，直線 ℓ の式は

$\qquad y=x+8$

(2)　直線 ℓ と y 軸との交点を D とする。

直線 ℓ の切片は 8 であるから

$\qquad OD=8$

このとき

$\quad\triangle BOC=\triangle BOD+\triangle COD$

$\qquad =\dfrac{1}{2}\times8\times4+\dfrac{1}{2}\times8\times8$

$\qquad =48$

(3)　点 A の y 座標は 0 であるから，x 座標は，

$y=x+8$ に $y=0$ を代入して

$\qquad 0=x+8$

$\qquad x=-8$

よって，x 軸を回転の軸として，$\triangle AOC$ を
1 回転させてできる立体は，

　半径 16 の円を底面とする高さ 16 の円錐から
　半径 16 の円を底面とする高さ 8 の円錐を
除いたものである。

したがって，体積は

$\quad\dfrac{1}{3}\times\pi\times16^2\times16-\dfrac{1}{3}\times\pi\times16^2\times8$

$\quad=\dfrac{1}{3}\times\pi\times16^2\times(16-8)$

$\quad=\dfrac{1}{3}\times\pi\times16^2\times8$

$\quad=\dfrac{2048}{3}\pi$

問題 7 (1)　[1]　点 P が辺 AB 上にあるとき

x の値の範囲は　$0\leqq x\leqq2$

このとき，点 Q は辺 DA 上にある。

$\triangle DPQ$ は底辺が $2x$ cm，高さが $3x$ cm で
あるから，面積は

$\qquad y=\dfrac{1}{2}\times2x\times3x$

よって　$y=3x^2$

[2]　点 P が辺 BC 上にあるとき

x の値の範囲は　$2\leqq x\leqq6$

このとき，点 Q は辺 DA 上にある。

$\triangle DPQ$ は底辺が $2x$ cm，高さが 6 cm であ
るから，面積は

$\qquad y=\dfrac{1}{2}\times2x\times6$

よって　$y=6x$

[3]　点 P が辺 CD 上にあるとき

x の値の範囲は　$6\leqq x\leqq8$

このとき，点 Q は辺 AB 上にある。

$\triangle DPQ$ は底辺が $(24-3x)$ cm，高さが
12 cm であるから，面積は

$\qquad y=\dfrac{1}{2}\times(24-3x)\times12$

よって　$y=144-18x$

[1]
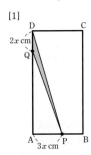

[2]
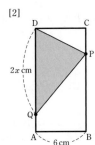

[3]
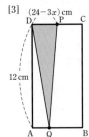

[1]~[3] から

$$y = \begin{cases} 3x^2 & (0 \leqq x \leqq 2) \\ 6x & (2 \leqq x \leqq 6) \\ 144 - 18x & (6 \leqq x \leqq 8) \end{cases}$$

グラフは，下の図のようになる。

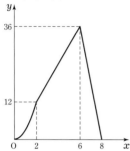

(2) (1)のグラフから，△DPQ の面積が $9\,\text{cm}^2$ になるのは，$0 \leqq x \leqq 2$ のときと $6 \leqq x \leqq 8$ のときである。

$0 \leqq x \leqq 2$ のとき　$3x^2 = 9$

　　これを解くと　　$x = \pm\sqrt{3}$

　　$0 \leqq x \leqq 2$ であるから　$x = \sqrt{3}$

$6 \leqq x \leqq 8$ のとき　$144 - 18x = 9$

　　これを解くと　　　　$x = \dfrac{15}{2}$

　　$6 \leqq x \leqq 8$ であるから，これは問題に適している。

　よって　$\sqrt{3}$ 秒後と $\dfrac{15}{2}$ 秒後

(3) (1)のグラフから，2秒後に面積が減っているような x の値の範囲は

$$4 \leqq x \leqq 6$$

よって，$4 \leqq a \leqq 6$，$6 \leqq a + 2 \leqq 8$ と考えられる。

a 秒後と $(a+2)$ 秒後の △DPQ の面積について

$$6a = \{144 - 18(a+2)\} \times 3$$

これを解くと　$a = \dfrac{27}{5}$

$4 \leqq a \leqq 6$ であるから，これは問題に適している。

第5章　データの活用

1　データの整理 （本冊 p.114～119）

練習1 (1)

階級 (cm)	度数 (人)
136 以上 142 未満	3
142 ～ 148	7
148 ～ 154	7
154 ～ 160	13
160 ～ 166	9
166 ～ 172	11
計	50

(2) 度数が最も大きい階級は 154 cm 以上
160 cm 未満であり，その階級値は

157 cm

(3)

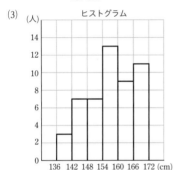

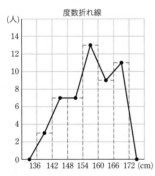

(4) （解答例）　階級や階級の幅の決め方によって，
ヒストグラムの形は異なる。
115 ページ上部のヒストグラムは中央付近が高
く両側が低いが，(3)のヒストグラムはそうでは
ない。

練習2 (ア) $\dfrac{9}{50}=0.18$

(イ)　$0.04+0.08+0.10+0.16+0.22$
$\qquad\qquad +0.18+0.14+0.08$
$\quad =1$

(ウ) $\dfrac{10}{40}=0.25$

(エ) $\dfrac{8}{40}=0.20$

(オ)　$0.00+0.00+0.05+0.05+0.25+0.30$
$\qquad\qquad +0.20+0.15$
$\quad =1$

練習3

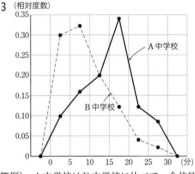

（解答例）　A中学校はB中学校に比べて，全体的
に通学時間が長い傾向にある。

練習4 (1) (ア) **9**　　(イ) **19**
(ウ) **0.15**　　(エ) **0.45**　　(オ) **1.00**

(2) 30 日未満の累積相対度数は 0.45 である。
よって，降雪日数が 30 日未満である年は，過去
20 年間の **45%**

2　データの代表値 （本冊 p.120, 121）

練習5　$\dfrac{23+18+35+27+42}{5}=29$ より　**29 分**

練習6　10 人の英語のテストの得点を，低い順に並
べると

38　44　49　58　61　67　75　83　88　95

5 番目と 6 番目の得点の平均値が中央値であるか
ら　$\dfrac{61+67}{2}=64$ より　　**64 点**

練習7　度数が最も大きい階級は 30 日以上 40 日未満であるから，最頻値は

$$\frac{30+40}{2}=35 \text{ より } \quad 35 \text{ 日}$$

練習8　$\dfrac{28\times2+32\times6+36\times7+40\times4+44\times1}{20}$

$=35.2$

よって　　**35.2 cm**

3　データの散らばりと四分位範囲

（本冊 *p.*122〜128）

練習9　A さんについて

　　$15-0=15$ より　**15 回**

　　B さんについて

　　$6-2=4$ より　　　**4 回**

練習10　第 2 四分位数は　$\dfrac{64+66}{2}=65$（点）

第 1 四分位数は　$\dfrac{51+53}{2}=52$（点）

第 3 四分位数は　$\dfrac{72+76}{2}=74$（点）

練習11　(1)　第 1 四分位数は 52 点，第 3 四分位数は 74 点であるから，四分位範囲は

　　　$74-52=22$（点）

(2)　A 組のデータの四分位範囲は 34 点，B 組のデータの四分位範囲は 22 点であるから，A 組のデータの四分位範囲の方が大きい。

　　よって，データの散らばりの程度が大きいのは

　　　　A 組

練習12　(1)

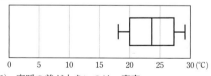

(2)　寒暖の差が大きいのは　**東京**

問題 1　(1)

階級 （m）	度数 （人）
10 以上 12 未満	1
12　〜　14	3
14　〜　16	8
16　〜　18	10
18　〜　20	3
20　〜　22	5
計	30

(2)

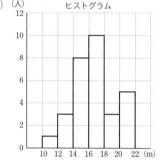

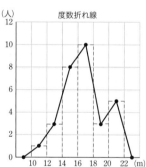

(3)　$\dfrac{8}{30}=0.266\cdots\cdots$ より，小数第 2 位までの小数で表すと　　**0.27**

問題2 (1) 次の表のようになる。

階級 (kg)	度数 (人)	相対 度数	累積度数 (人)	累積 相対度数
15 以上 20 未満	6	0.12	6	0.12
20 ～ 25	8	0.16	14	0.28
25 ～ 30	12	0.24	26	0.52
30 ～ 35	13	0.26	39	0.78
35 ～ 40	7	0.14	46	0.92
40 ～ 45	4	0.08	50	1.00
計	50	1.00		

(2) (1) の表から，記録が 30 kg 未満の生徒は，生徒全体の **52%**

問題3 (1) 20 人の記録を小さい順に並べると

31　34　35　37　40　40　41
42　43　44　45　45　46　47
47　48　49　49　51　52

$52-31=21$ より　　**21 cm**

(2) 10 番目と 11 番目の記録の平均値が中央値であるから

$$\frac{44+45}{2}=44.5$$ より　　**44.5 cm**

(3)

階級 (cm)	度数 (人)
30 以上 34 未満	1
34 ～ 38	3
38 ～ 42	3
42 ～ 46	5
46 ～ 50	6
50 ～ 54	2
計	20

(4) 最頻値は　**48 cm**

平均値は

$$\frac{32\times1+36\times3+40\times3+44\times5+48\times6+52\times2}{20}$$

$=43.6$

よって　　**43.6 cm**

参考 データの値から平均値を直接求めると

$\frac{1}{20}(47+35+42+45+46+51+48+40$

$+52+34+40+49+43+31$

$+37+45+44+49+41+47)$

$=43.3 \,(cm)$

データの値から求めた平均値 (43.3 cm) と，度数分布表から求めた平均値 (43.6 cm) が近い値になることがわかる。

問題4 (1) 第 1 四分位数は　$\frac{17+22}{2}=$**19.5**（個）

第 3 四分位数は　$\frac{28+33}{2}=$**30.5**（個）

(2) 第 1 四分位数は　$\frac{11+15}{2}=$**13**（個）

第 3 四分位数は　$\frac{33+35}{2}=$**34**（個）

(3) 商品 A の四分位範囲は　$30.5-19.5=$**11**（個）
商品 B の四分位範囲は　$34-13=$**21**（個）

(4) 商品 B のデータの四分位範囲の方が大きいから，データの散らばりの程度が大きいのは

商品 B

演習問題 A （本冊 p.131）

問題1 図から，男子の総運動時間で最も多い階級は 10 ～ 15 時間。よって，① は正しくない。
女子で 10 時間未満と答えた生徒の人数の相対度数をたすと　$0.375+0.075=0.45$
よって，10 時間以上と答えた生徒の人数の相対度数は　$1-0.45=0.55$
したがって，② は正しい。
男子で 20 時間以上と答えた生徒の人数の相対度数をたすと　$0.15+0.075=0.225$
15 ～ 20 時間と答えた生徒の人数の相対度数は 0.25 であるが，このうち 18 時間以上であった生徒の人数の相対度数がどれだけかはわからない。
よって，③ は正しいといえない。
図から，女子は男子より 0 ～ 5 時間の生徒の割合が大きく，他の時間数においてはすべて男子の方が割合が大きい。よって，④ は正しい。
したがって，この図から読みとれることは

②，④

問題2 データから四分位数を求めると，

第 1 四分位数は　$\frac{9.5+10.6}{2}=10.05$（℃）

第 2 四分位数は　$\frac{14.6+20.7}{2}=17.65$（℃）

第 3 四分位数は　$\frac{23.7+26.5}{2}=25.1$（℃）

これらをすべて満たす箱ひげ図は　②

演習問題B （本冊 *p.*132）

問題3 (1) 平均値は

$$\frac{35\times1+45\times2+55\times6+65\times4+75\times3+85\times3}{19}$$

$$=62.89\cdots\cdots$$

よって　**62.9 点**

(2) 19 人の点数の中央値が 62 点であるから，テストの点数のデータを小さい順に並べたとき，10 番目の値が 62 点である。

欠席していた生徒の点数は 89 点であるから，20 人の点数のデータを小さい順に並べても，10 番目の値は 62 点である。

20 人の点数の中央値は，データの小さい方から 10 番目と 11 番目の値の平均値である。

11 番目の値は，60 点以上 70 点未満の階級にあり，62 点以上であるから，11 番目のとりうる値の範囲は 62 点以上 69 点以下である。

よって，20 人の点数の中央値のとりうる値の範囲は

$$\frac{62+62}{2}\text{ 点以上 }\frac{62+69}{2}\text{ 点以下}$$

すなわち　**62 点以上 65.5 点以下**

問題4 範囲は最大値から最小値をひいた値であるから，範囲が最も小さいのはC店である。

よって，① は正しくない。

四分位範囲は第 3 四分位数から第 1 四分位数をひいた値であるから，四分位範囲が最も大きいのはB店である。よって，② は正しい。

中央値が 140 人を超えていれば，15 日間以上にわたって来客数が 140 人を超えたということである。よって，中央値が 140 人を超えているのは，A 店とD店であるから，③ は正しい。

A店，C 店，D 店も最小値は 120 人以下である。

よって，来客数が 120 人以下の日が 4 日間以上だったのはB店のみであるとはいい切れない。

したがって，④ は正しいといえない。

以上より，箱ひげ図から読みとれることは

②，③

第6章 確率と標本調査

1 場合の数 （本冊 *p.* 136～145）

練習1 ABC, ACB, BAC, BCA, CAB, CBA

練習2 (1) **10通り**　　(2) **15通り**

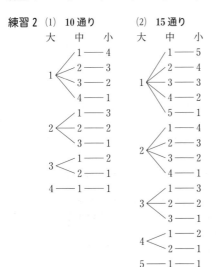

練習3 硬貨を投げたとき，表が出ることを○，裏が出ることを×で表し，表が3回または裏が2回出るまでの樹形図をかくと，次の図のようになる。

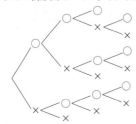

よって　**10通り**

練習4 **6通り**

練習5 A，Bの目の出方を表にまとめて考える（表は略）。

出る目の和が5になるのは　　4通り
出る目の和が10になるのは　　3通り
出る目の和が13以上になることはない。
よって，出る目の和が5の倍数になる場合は

7通り

練習6 (1) Aの目が奇数になるのは　　3通り
B の目が5以下になるのは　　5通り
よって，求める場合の数は
$3 \times 5 = \textbf{15 (通り)}$

(2) 3種類のサラダから1種類を選ぶ方法は
3通り
2種類のスープから1種類を選ぶ方法は
2通り
4種類のデザートから1種類を選ぶ方法は
4通り
よって，セットのつくり方の総数は
$3 \times 2 \times 4 = \textbf{24 (通り)}$

練習7 (1) $_{10}P_3 = 10 \times 9 \times 8 = \textbf{720 (通り)}$

(2) $_6P_4 = 6 \times 5 \times 4 \times 3 = \textbf{360 (個)}$

練習8 (1) $5! = 5 \times 4 \times 3 \times 2 \times 1 = \textbf{120 (通り)}$

(2) $7! = 7 \times 6 \times 5 \times 4 \times 3 \times 2 \times 1 = \textbf{5040 (通り)}$

練習9 $_6P_4 = 6 \times 5 \times 4 \times 3 = \textbf{360 (通り)}$

練習10 $_5P_4 = 5 \times 4 \times 3 \times 2 = \textbf{120 (通り)}$

練習11 (1) $_4C_2 = \dfrac{4 \times 3}{2 \times 1} = \textbf{6 (通り)}$

(2) $_9C_3 = \dfrac{9 \times 8 \times 7}{3 \times 2 \times 1} = \textbf{84 (通り)}$

練習12 (1) $_6C_3 = \dfrac{6 \times 5 \times 4}{3 \times 2 \times 1} = \textbf{20 (個)}$

(2) $_6C_2 = \dfrac{6 \times 5}{2 \times 1} = \textbf{15 (本)}$

(3) $_6C_4 = \dfrac{6 \times 5 \times 4 \times 3}{4 \times 3 \times 2 \times 1} = \textbf{15 (個)}$

2 事柄の起こりやすさと確率

(本冊 *p.*146, 147)

練習13

U	A	$\dfrac{A}{U}$
25	4	0.160
50	10	**0.200**
100	18	**0.180**
250	42	**0.168**
500	86	**0.172**
750	123	**0.164**
1000	167	**0.167**

3 確率の計算 (本冊 *p.*148〜155)

練習14 (1) $\dfrac{1}{2}$ (2) $\dfrac{1}{2}$

(3) 3の倍数の目は3と6である。

よって，求める確率は $\dfrac{2}{6}=\dfrac{1}{3}$

(4) 6の約数の目は1と2と3と6である。

よって，求める確率は $\dfrac{4}{6}=\dfrac{2}{3}$

練習15 (1) 玉の取り出し方は全部で5通りあり，このうち，赤玉の取り出し方は2通りある。

よって，求める確率は $\dfrac{2}{5}$

(2) カードの引き方は全部で52通りあり，このうち，エースの引き方は4通りある。

よって，求める確率は $\dfrac{4}{52}=\dfrac{1}{13}$

(3) カードの引き方は全部で12通りあり，このうち，1桁の偶数の引き方は4通りある。

よって，求める確率は $\dfrac{4}{12}=\dfrac{1}{3}$

練習16 (1) **1** (2) **0**

練習17 $\dfrac{1}{4}$

練習18 3枚の硬貨の表，裏の出方は，全部で
　表表表，　表表裏，　表裏表，
　表裏裏，　裏表表，　裏表裏，
　裏裏表，　裏裏裏
の8通りあり，これらは同様に確からしい。

(1) $\dfrac{1}{8}$ (2) $\dfrac{3}{8}$

練習19 2個のさいころの目の出方は，全部で
$$6\times6=36\,(通り)$$

(1) 出る目の和が7になるのは，次の6通りある。
　(1, 6), (2, 5), (3, 4), (4, 3), (5, 2),
　(6, 1)

　よって，求める確率は $\dfrac{6}{36}=\dfrac{1}{6}$

(2) 2個とも偶数の目になるのは，次の9通りある。
　(2, 2), (2, 4), (2, 6), (4, 2), (4, 4),
　(4, 6), (6, 2), (6, 4), (6, 6)

　よって，求める確率は $\dfrac{9}{36}=\dfrac{1}{4}$

(3) 出る目の和が4の倍数になるのは，次の9通りある。
　(1, 3), (2, 2), (2, 6), (3, 1), (3, 5),
　(4, 4), (5, 3), (6, 2), (6, 6)

　よって，求める確率は $\dfrac{9}{36}=\dfrac{1}{4}$

練習20 硬貨の表，裏の出方は，全部で
$$2\times2\times2=8\,(通り)$$
あり，点Pの動き方は，次の表のようになる。

1回目	2回目	3回目	Pの動き
表	表	表	A→B→C→D
表	表	裏	A→B→C→C
表	裏	表	A→B→B→C
表	裏	裏	A→B→B→B
裏	表	表	A→A→B→C
裏	表	裏	A→A→B→B
裏	裏	表	A→A→A→B
裏	裏	裏	A→A→A→A

よって，求める確率は $\dfrac{3}{8}$

練習21 2桁の数のつくり方は，全部で
$$_4\mathrm{P}_2=4\times3=12\,(通り)$$
3の倍数になるのは，12, 21, 24, 42の4通りある。

よって，求める確率は $\dfrac{4}{12}=\dfrac{1}{3}$

練習22 9個の玉から2個取る組合せは，全部で
$_9\mathrm{C}_2$ 通りある。
赤玉4個から2個取る組合せは，$_4\mathrm{C}_2$ 通りある。

よって，求める確率は $\dfrac{_4\mathrm{C}_2}{_9\mathrm{C}_2}=\dfrac{6}{36}=\dfrac{1}{6}$

練習23 2個のさいころの目の出方は全部で
$$6×6=36（通り）$$
このうち，2個とも奇数の目となるのは
$$3×3=9（通り）$$
よって，2個とも奇数の目が出る確率は
$$\frac{9}{36}=\frac{1}{4}$$
したがって，求める確率は $1-\dfrac{1}{4}=\dfrac{3}{4}$

4 標本調査 (本冊 $p.156\sim162$)

練習24 耐用年数の調査は製品が壊れるまでの期間を調べるため，全数調査を行うと出荷する製品がなくなるから。

練習25 (1) 標本調査
(2) 全数調査
(3) 標本調査

練習26 (例) **61, 95, 4, 84, 93,**
　　　　　　9, 5, 57, 71, 35

練習27 (1) $\dfrac{299+300+316+279+311+284+316+311}{8}$
　　　$=302$ (g)
(2) $301.5-302=-0.5$ (g)

練習28 抽出した標本における白玉の割合は
$$\frac{13}{20}$$
よって，最初に袋の中に入っていた白玉の個数は，
およそ $300×\dfrac{13}{20}=195$ (個)

練習29 湖にいる魚の総数をおよそ x 匹とする。
抽出した標本における印がついた魚の割合は
$$\frac{8}{200}=\frac{1}{25}$$
印をつけた魚は全部で100匹であるから
$$\frac{100}{x}=\frac{1}{25}$$
$$x=2500$$
よって，湖にいる魚の総数は **およそ2500匹**

確認問題 (本冊 $p.163$)

問題1 340より大きい数は，次の通りである。
　341，342，412，413，421，423，431，432
よって　**8個**

問題2 乗車駅が10か所ある。
それぞれについて，降車駅は乗車駅を除いた9か所あるから，必要な乗車券の種類は
$$10×9=90（種類）$$

問題3 (1) $5!=5×4×3×2×1=120$ (通り)
(2) $Ⓐ$ の位置は固定されているから，$Ⓐ$ 以外の4枚の並べ方を考えればよい。
よって　$4!=4×3×2×1=24$ (通り)

問題4 (1) $_{24}C_3=\dfrac{24×23×22}{3×2×1}=2024$ (通り)
(2) 10人の中から，4人の組の方に入る4人を選ぶ方法の総数を求めればよい。
よって　$_{10}C_4=\dfrac{10×9×8×7}{4×3×2×1}=210$ (通り)
参考　6人の組の方に入る6人を選ぶ方法の総数 $_{10}C_6$ の値も210になる。

問題5 2個のさいころの目の出方は，全部で
$$6×6=36（通り）$$
(1) 出る目の和が5の倍数になるのは，次の7通りある。
　　(1, 4)，(2, 3)，(3, 2)，(4, 1)，
　　(4, 6)，(5, 5)，(6, 4)
よって，求める確率は　$\dfrac{7}{36}$
(2) 出る目の積が12になるのは，次の4通りある。
　　(2, 6)，(3, 4)，(4, 3)，(6, 2)
よって，求める確率は　$\dfrac{4}{36}=\dfrac{1}{9}$

問題6 3枚の硬貨の表，裏の出方は，全部で
　表 表 表，　表 表 裏，　表 裏 表，
　表 裏 裏，　裏 表 表，　裏 表 裏，
　裏 裏 表，　裏 裏 裏
の8通りある。
(1) 1枚が表で，2枚が裏となる場合は，3通りある。
よって，求める確率は　$\dfrac{3}{8}$

(2) 少なくとも1枚は表が出る場合は，7通りある。

よって，求める確率は $\dfrac{7}{8}$

別解　1枚も表が出ない，すなわち，すべて裏が出る場合は1通りある。

よって，すべて裏が出る確率は $\dfrac{1}{8}$

少なくとも1枚は表が出る確率は，1からすべて裏が出る確率をひいた値になるから

$$1-\dfrac{1}{8}=\dfrac{7}{8}$$

問題7 (1)　**全数調査**　　　(2)　**標本調査**

演習問題A　(本冊 $p.164$)

問題1　樹形図をかくと，次の図のようになる。

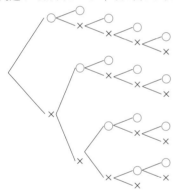

よって　**15通り**

問題2　2回のさいころの目の出方は，全部で
$$6\times6=36\,(通り)$$
そのうち，点Pが頂点Bに移る場合は，
出る目の和が5のときと9のとき
である。
出る目の和が5のとき
　(1，4)，(2，3)，(3，2)，(4，1)
出る目の和が9のとき
　(3，6)，(4，5)，(5，4)，(6，3)
の合計8通りある。

よって，求める確率は $\dfrac{8}{36}=\dfrac{2}{9}$

問題3　6本のくじから2本のくじを引く方法の総数は
$$_6C_2=\dfrac{6\times5}{2\times1}=15\,(通り)$$
少なくとも1本があたりくじである場合は
[1]　2本ともあたりくじ
[2]　1本はあたりくじ，もう1本ははずれくじ
の2つある。
[1]　3本のあたりくじから2本引く方法の総数
　は
$$_3C_2=\dfrac{3\times2}{2\times1}=3\,(通り)$$
[2]　3本のあたりくじ，3本のはずれくじから，
　それぞれ1本ずつ引く方法の総数は
$$_3C_1\times_3C_1=3\times3=9\,(通り)$$
[1]，[2]から，少なくとも1本はあたりくじである引き方の総数は
$$3+9=12\,(通り)$$
したがって，求める確率は
$$\dfrac{12}{15}=\dfrac{4}{5}$$

別解　3本のはずれくじから2本引く方法の総数
　は
$$_3C_2=\dfrac{3\times2}{2\times1}=3\,(通り)$$

よって，2本ともはずれくじである確率は
$$\dfrac{3}{15}=\dfrac{1}{5}$$

少なくとも1本があたりくじである確率は，1から2本ともはずれくじである確率をひいた値になるから
$$1-\dfrac{1}{5}=\dfrac{4}{5}$$

問題4　5枚のカードから2枚のカードを取り出し，並べる方法の総数は
$$_5P_2=5\times4=20\,(通り)$$
取り出した2枚のカードの数字がともに奇数のときに，積は奇数となる。
奇数のカード3枚から2枚を取り出し，並べる方法の総数は
$$_3P_2=3\times2=6\,(通り)$$
よって，積が奇数となる確率は
$$\dfrac{6}{20}=\dfrac{3}{10}$$
積が偶数となる確率は，1から積が奇数となる確率をひいた値になるから
$$1-\dfrac{3}{10}=\dfrac{7}{10}$$

別解 取り出した2枚のカードのうち，少なくとも1枚のカードの数字が偶数のときに，積は偶数となる。

偶数のカード2枚，奇数のカード3枚から，偶数のカード，奇数のカードの順に取り出す方法の総数は $2 \times 3 = 6$（通り）

奇数のカード，偶数のカードの順に取り出す方法の総数は $3 \times 2 = 6$（通り）

偶数のカード，偶数のカードの順に取り出す方法の総数は ${}_2P_2 = 2 \times 1 = 2$（通り）

よって，積が偶数になるようなカードの取り出し方の総数は $6 + 6 + 2 = 14$（通り）

したがって，求める確率は

$$\frac{14}{20} = \frac{7}{10}$$

問題5 5個の玉から2個の玉を取り出す方法の総数は

$${}_5C_2 = \frac{5 \times 4}{2 \times 1} = 10$$（通り）

赤玉を1個，白玉を1個取り出す方法の総数は $3 \times 1 = 3$（通り）

赤玉を1個，青玉を1個取り出す方法の総数は $3 \times 1 = 3$（通り）

白玉を1個，青玉を1個取り出す方法の総数は $1 \times 1 = 1$（通り）

よって，2個の玉の色が異なるような取り出し方の総数は $3 + 3 + 1 = 7$（通り）

したがって，求める確率は $\dfrac{7}{10}$

別解 取り出した2個がともに赤玉であるような取り出し方の総数は

$${}_3C_2 = \frac{3 \times 2}{2 \times 1} = 3$$（通り）

よって，2個とも赤玉である確率は $\dfrac{3}{10}$

2個の玉の色が同じになるのは，2個とも赤である場合に限られる。

したがって，2個の玉の色が異なる確率は，1から2個の玉の色が同じになる確率をひいた値になるから $1 - \dfrac{3}{10} = \dfrac{7}{10}$

問題6 取り出した30個の玉に含まれる赤玉の割合は

$$\frac{4}{30} = \frac{2}{15}$$

玉を取り出す前に，袋の中に入っていた白玉と赤玉の個数の合計を x 個とすると，赤玉は100個入っていたから

$$\frac{100}{x} = \frac{2}{15}$$
$$x = 750$$

よって，袋の中に入っていた白玉と赤玉の個数はおよそ750個

したがって，最初に袋の中に入っていた白玉の個数は，**およそ** $750 - 100 = \mathbf{650}$（個）

演習問題B （本冊 $p.165$）

問題7 (1) 左端がA，左から2番目がBとなる並び方は，A，Bの位置が固定されているから，C，D，E，Fの4人の並び方を考えればよい。

よって $4! = 4 \times 3 \times 2 \times 1 = 24$（通り）

左端がB，左から2番目がAとなる並び方も，同様に24通りある。

よって，求める並び方の総数は $24 + 24 = \mathbf{48}$（**通り**）

(2) まず，AとBをまとめて1人と考えて，並び方の総数を求める。

すると，5人の並び方の総数と同じであるから，その総数は

$$5! = 5 \times 4 \times 3 \times 2 \times 1 = 120$$（通り）

120通りのおのおのについて，「Aが左，Bが右」，「Bが左，Aが右」の2通りがあるから，求める並び方の総数は

$$120 \times 2 = \mathbf{240}$$（**通り**）

問題8 南から北へ1区画動くことを↑，西から東へ1区画動くことを→で表す。

(1) A地点からP地点まで遠回りしないで行く道順は2つの↑と，4つの→の組合せで表される。この組合せの総数は，6回の動きのうち，どの2回が↑であるかを選ぶ方法の総数であるから

$${}_6C_2 = \frac{6 \times 5}{2 \times 1} = \mathbf{15}$$（**通り**）

(2) A地点からP地点まで遠回りしないで行く道順は(1)で求めたから，P地点からB地点まで遠回りしないで行く道順を考える。

道順は，2つの↑と，1つの→の組合せで表される。

この組合せの総数は，3回の動きのうち，どの2回が↑であるかを選ぶ方法の総数であるから
$$_3C_2 = 3 \,(通り)$$
よって，求める道順の総数は
$$15 \times 3 = 45 \,(通り)$$

問題9 さいころの目の偶数，奇数の組合せは，全部で8通りあり，点Pの動き方は，次の表のようになる。

1回目	2回目	3回目	Pの動き
偶数	偶数	偶数	A→B→C→D
偶数	偶数	奇数	A→B→C→C
偶数	奇数	偶数	A→B→B→C
偶数	奇数	奇数	A→B→B→B
奇数	偶数	偶数	A→A→B→C
奇数	偶数	奇数	A→A→B→B
奇数	奇数	偶数	A→A→A→B
奇数	奇数	奇数	A→A→A→A

このうち，3点 A, B, P を結んでできる図形が三角形となるのは4通りある。

よって，求める確率は $\dfrac{4}{8} = \dfrac{1}{2}$

問題10 A，B，C の手の出し方はそれぞれ3通りあるから，3人の手の出し方は
全部で $3 \times 3 \times 3 = 27 \,(通り)$

(1) 引き分けとなるのは，次の場合である。

[1] 全員が同じ手を出す場合
全員がグー，全員がチョキ，全員がパーの3通りある。

[2] 全員が異なる手を出す場合
Aの手の出し方は3通りある。
BはAの出した手以外の手を出さなくてはならないから，Bの手の出し方は2通りある。
CはA，Bの出した手以外の手を出さなくてはならないから，Cの手の出し方は1通りある。
よって，全員が異なる手を出すのは
$$3 \times 2 \times 1 = 6 \,(通り)$$

[1]，[2] から，求める確率は $\dfrac{3+6}{27} = \dfrac{1}{3}$

(2) たとえば，Aがグーで勝つとすると，B，Cはチョキを出すことになる。
Aが他の手で勝つ場合も同様であるから，Aだけが勝つような手の出し方は3通りある。

同様に，Bだけが勝つ，Cだけが勝つような手の出し方も，それぞれ3通りある。

よって，求める確率は $\dfrac{3 \times 3}{27} = \dfrac{1}{3}$

総合問題

問題 1 (1) $n^2-1=(n+1)(n-1)$

(2) $A^2=\dfrac{2^2}{1^2}\times\dfrac{4^2}{3^2}\times\dfrac{6^2}{5^2}\times\cdots\cdots\times\dfrac{48^2}{47^2}$

$>\dfrac{(2+1)(2-1)}{1^2}\times\dfrac{(4+1)(4-1)}{3^2}$

$\times\cdots\cdots\times\dfrac{(48+1)(48-1)}{47^2}$

$=49$

(3) (2)より，$A^2>49$ であり，$A>0$ であるから
$$A>7$$

問題 2 (1) (ア) **216**

(イ) $c=3$ のとき $x^2+4x+3=(x+1)(x+3)$
$c=4$ のとき $x^2+4x+4=(x+2)^2$
よって $c=\mathbf{3, 4}$

(ウ) $x^2+px+qx+pq=\boldsymbol{x^2+(p+q)x+pq}$

(エ) $b=\boldsymbol{p+q}$

(オ) $c=\boldsymbol{pq}$ （エ，オは順不同）

(2) M が因数分解できるときの a, b, c の組合せは次の通りである。

$a=1$ のとき
$(b, c)=(2, 1), (3, 2), (4, 3), (4, 4),$
$(5, 4), (5, 6), (6, 5)$ の 7 通り

$a=2$ のとき
$(b, c)=(3, 1), (4, 2), (5, 2), (5, 3),$
$(6, 4)$ の 5 通り

$a=3$ のとき
$(b, c)=(4, 1), (5, 2), (6, 3)$ の 3 通り

$a=4$ のとき
$(b, c)=(4, 1), (5, 1), (6, 1)$ の 3 通り

$a=5$ のとき $(b, c)=(6, 1)$ の 1 通り

$a=6$ のとき $(b, c)=(5, 1)$ の 1 通り

よって，a, b, c の組合せの総数は
$$7+5+3+3+1+1=20 \text{（通り）}$$
したがって，求める確率は
$$\frac{20}{216}=\frac{5}{54}$$

問題 3 (1) $3\sqrt{14}=\sqrt{3^2\times14}=\sqrt{126}$ であるから，
$11^2<126<12^2$ より
$$11<3\sqrt{14}<12$$
よって，$3\sqrt{14}$ の整数部分は **11**

(2) $20\sqrt{14}=\sqrt{20^2\times14}=\sqrt{5600}$ であるから，
$74^2<5600<75^2$ より
$$74<20\sqrt{14}<75$$
よって，$20\sqrt{14}$ の整数部分は **74**
$20\sqrt{14}$ の整数部分の一の位の値は，$2\sqrt{14}$ の小数第 1 位の値と同じであるから，$2\sqrt{14}$ の小数第 1 位の値は **4**

(3) $\dfrac{\sqrt{13}+\sqrt{15}}{2}$ と $\sqrt{14}$ を，それぞれ 2 倍した
$\sqrt{13}+\sqrt{15}$ と $2\sqrt{14}$ を 2 乗すると
$(\sqrt{13}+\sqrt{15})^2=28+2\sqrt{195}$
$=28+\sqrt{780}$
$(2\sqrt{14})^2=56$
ここで $\sqrt{780}$ について，$27<\sqrt{780}<28$ であるから
$$28+27<28+\sqrt{780}<28+28$$
$$55<28+\sqrt{780}<56$$
よって $(\sqrt{13}+\sqrt{15})^2<(2\sqrt{14})^2$
$\sqrt{13}+\sqrt{15}>0$, $2\sqrt{14}>0$ であるから
$$\sqrt{13}+\sqrt{15}<2\sqrt{14}$$
両辺を 2 でわると
$$\frac{\sqrt{13}+\sqrt{15}}{2}<\sqrt{14}$$
したがって，$\sqrt{14}$ の方が大きい。

問題 4 (1) 放物線は下に凸であるから，a は **正**
p は直線の傾きであり，右上がりの直線であるから，p は **正**
q は直線の切片であるから，q は **正**
放物線 $y=ax^2$ と直線 $y=px+q$ は異なる 2 つの共有点をもち，これらの共有点の x 座標は，2 次方程式 $ax^2=px+q$，すなわち $ax^2-px-q=0$ の実数解である。
よって，判別式を D とすると，$D>0$ のとき，2 次方程式は異なる 2 つの実数解をもつから
$$D=(-p)^2-4a(-q)$$
$$=p^2+4aq>0$$
したがって，p^2+4aq は **正**

(2) $a<0$ のとき，放物線は上に凸である。

$p^2+4aq<0$ のとき，放物線 $y=ax^2$ と直線 $y=px+q$ は共有点をもたない。

$pq<0$ のとき，次の2つの場合が考えられる。

[1] $p>0$, $q<0$ のとき
直線 $y=px+q$ は，右上がりの直線で，切片が y 軸の負の部分にある。ただし，この場合，右の図のように，放物線 $y=ax^2$ と直線 $y=px+q$ が必ず共有点をもつことになるため，適さない。

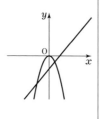

[2] $p<0$, $q>0$ のとき
直線 $y=px+q$ は，右下がりの直線で，切片が y 軸の正の部分にある。この場合，右の図のように，放物線 $y=ax^2$ と直線 $y=px+q$ が共有点をもたない場合があるため，適している。

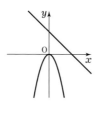

[1], [2] より，グラフは，[2] の図のようになる。

(3) 放物線と直線の異なる2つの共有点が $x>0$, $y>0$ の範囲にあるのは，右の図のようなときである。

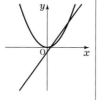

よって，a, p, q, p^2+4aq の符号は

a は　**正**

p は　**正**

q は　**負**

p^2+4aq は　**正**

問題5 (1)　8点未満の累積相対度数は 0.800 であり，10点未満の累積相対度数は 1.000 であるから，8点以上10点未満の相対度数は

$$1.000-0.800=0.200$$

また，8点以上10点未満の度数は8であるから，テストを受けた人数は

$$8÷0.200=\textbf{40 (人)}$$

(2)　テストを受けた人数は40人であるから，表の消えた部分を埋めると，次のようになる。

階級 (点)	度数 (人)	累積相対度数
0 以上 2 未満	4	0.100
2 ～ 4	7	0.275
4 ～ 6	9	0.500
6 ～ 8	12	0.800
8 ～ 10	8	1.000

テストの点数のデータを小さい順に並べたとき，第1四分位数は10番目と11番目の平均値である。表から，10番目と11番目の点数は2点以上4点未満の階級にあり，点数は整数であるから，ともに2点または3点である。

よって，第1四分位数として考えられる値は

$$\frac{2+2}{2}=2, \qquad \frac{2+3}{2}=2.5, \qquad \frac{3+3}{2}=3$$

すなわち　**2点，2.5点，3点**

(3)　中央値は20番目と21番目の平均値である。表から，20番目の点数は4点以上6点未満の階級にあるから，点数は4点または5点である。また，21番目の点数は6点以上8点未満の階級にあるから，点数は6点または7点である。

よって，中央値として考えられる値は

$$\frac{4+6}{2}=5, \qquad \frac{4+7}{2}=5.5,$$

$$\frac{5+6}{2}=5.5, \qquad \frac{5+7}{2}=6$$

すなわち　**5点，5.5点，6点**

(4)　全員の点数が偶数であり，10点満点の生徒はいないから，表にまとめると次のようになる。

点数 (点)	0	2	4	6	8
人数 (人)	4	7	9	12	8

第1四分位数は　$\dfrac{2+2}{2}=2$

第2四分位数は　$\dfrac{4+6}{2}=5$

第3四分位数は　$\dfrac{6+6}{2}=6$

よって，箱ひげ図は次のようになる。

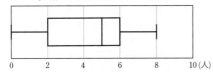

問題6

(1) 点 A，B の y 座標は -1 であるから，$y=-x^2$ に $y=-1$ を代入すると
$$-1=-x^2$$
これを解くと $x=-1,\ 1$
よって，定義域は $-1\leqq x\leqq 1$
したがって (ア) **-1**，(イ) **1**

(2) (ウ) $-x^2=-\dfrac{1}{4}x+b$ より
$$x^2-\frac{1}{4}x+b=0$$

(エ) 2 次方程式 $x^2-\dfrac{1}{4}x+b=0$ の判別式 D は
$$D=\left(-\frac{1}{4}\right)^2-4\times 1\times b$$
$$=\frac{1}{16}-4b$$

(3) $D>0$

(4) 放物線と直線 ℓ が 2 つの共有点をもつのは，$D>0$ のときであるから
$$\frac{1}{16}-4b>0$$
$$b<\frac{1}{64}$$

また，$-1\leqq x\leqq 1$ の定義域内で放物線と直線 ℓ が 2 つの共通点をもつとき，b の値が最も小さいのは，直線 ℓ が点 B を通るときである。

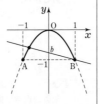

点 B の座標は $(1,\ -1)$ であるから，b の値は
$$-1=-\frac{1}{4}+b$$
$$b=-\frac{3}{4}$$
よって，トンネルを作るための条件は
$$-\frac{3}{4}\leqq b<\frac{1}{64}$$
したがって (カ) **$-\dfrac{3}{4}$**，(キ) **$\dfrac{1}{64}$**

問題7 正解しているのは　飛鳥さん

勇樹さんの解答について，それぞれのテントに入る人数が (4 人，4 人) の場合の組合せを $_8C_4$ としてしまったことが誤りである。

片方のテントに入る 4 人を選ぶと，もう 1 つのテントに入る 4 人が決まる。

たとえば，ABCD の 4 人が 1 つ目のテントに入るとき，もう 1 つのテントには EFGH の 4 人が入る。

また，EFGH の 4 人が 1 つ目のテントに入るとき，もう 1 つのテントには ABCD の 4 人が入る。

しかし，この 2 つの場合は同じ状況であり，重複しているから，$\dfrac{_8C_4}{2}$ としなければならない。

以下は，前見返しに掲載されている問題の答です。

1 代数編の復習問題

問題 1 (1) 1 　　　　 (2) $9a^2b^2$

問題 2 (1) (ア) $x=-1$ 　　 (イ) $-3<x\leqq-1$

　　(2) 子どもの人数　27 人
　　　　あめの個数　180 個

　　(3) $y=-14$

　　(4) 定義域　$0\leqq x\leqq 50$
　　　　式　$y=-2x+100$

ISBN978-4-410-20592-7

新課程
体系数学 2 代数(上) 解答編

20592A

数研出版
https://www.chart.co.jp